U0177612

国家出版基金项目
NATIONAL PUBLICATION FOUNDATION

石墨烯微电子与光电子器件

"十三五"国家重点
出版物出版规划项目

陈弘达 黄北举 毛旭瑞 程传同 编著

战 略 前 沿 新 材 料
——石墨烯出版工程
丛书总主编 刘忠范

Graphene Microelectronic
and Optoelectronic Devices

GRAPHENE
10

华东理工大学出版社
EAST CHINA UNIVERSITY OF SCIENCE AND TECHNOLOGY PRESS
·上海·

上海高校服务国家重大战略出版工程资助项目

图书在版编目(CIP)数据

石墨烯微电子与光电子器件/陈弘达等编著.—上
海：华东理工大学出版社,2020.7
战略前沿新材料——石墨烯出版工程/刘忠范总主编
ISBN 978－7－5628－6070－9

Ⅰ.①石… Ⅱ.①陈… Ⅲ.①石墨－纳米材料－微电
子技术－电子器件－研究②石墨－纳米材料－光电器件－
研究 Ⅳ.①TN4②光电子器件

中国版本图书馆 CIP 数据核字(2020)第 082132 号

内容提要

本书总结了近年石墨烯微电子与光电子器件领域的相关研究成果和国内外最新进
展,包括石墨烯的基本光电特性,石墨烯晶体管以及基于石墨烯晶体管的新型石墨烯微电
子器件,石墨烯光调制器和石墨烯光探测器等石墨烯光电子器件,石墨烯光电子器件与传
统硅 CMOS 电路单片集成芯片等内容。

本书可供从事石墨烯微电子与光电子器件研究的科技工作者使用,也可作为高等院
校相关专业的参考用书。

项目统筹 /	周永斌 马夫娇	
责任编辑 /	李佳慧	
装帧设计 /	周伟伟	
出版发行 /	华东理工大学出版社有限公司	
	地址：上海市梅陇路 130 号,200237	
	电话：021－64250306	
	网址：www.ecustpress.cn	
	邮箱：zongbianban@ecustpress.cn	
印 刷 /	上海雅昌艺术印刷有限公司	
开 本 /	710 mm×1000 mm 1/16	
印 张 /	17.75	
字 数 /	295 千字	
版 次 /	2020 年 7 月第 1 版	
印 次 /	2020 年 7 月第 1 次	
定 价 /	198.00 元	

总序 一

2004 年,英国曼彻斯特大学物理学家安德烈·海姆(Andre Geim)和康斯坦丁·诺沃肖洛夫(Konstantin Novoselov)用透明胶带剥离法成功地从石墨中剥离出石墨烯,并表征了它的性质。仅过了六年,这两位师徒科学家就因"研究二维材料石墨烯的开创性实验"荣摘 2010 年诺贝尔物理学奖,这在诺贝尔授奖史上是比较迅速的。他们向世界展示了量子物理学的奇妙,他们的研究成果不仅引发了一场电子材料革命,而且还将极大地促进汽车、飞机和航天工业等的发展。

从零维的富勒烯、一维的碳纳米管,到二维的石墨烯及三维的石墨和金刚石,石墨烯的发现使碳材料家族变得更趋完整。作为一种新型二维纳米碳材料,石墨烯自诞生之日起就备受瞩目,并迅速吸引了世界范围内的广泛关注,激发了广大科研人员的研究兴趣。被誉为"新材料之王"的石墨烯,是目前已知最薄、最坚硬、导电性和导热性最好的材料,其优异性能一方面激发人们的研究热情,另一方面也掀起了应用开发和产业化的浪潮。石墨烯在复合材料、储能、导电油墨、智能涂料、可穿戴设备、新能源汽车、橡胶和大健康产业等方面有着广泛的应用前景。在当前新一轮产业升级和科技革命大背景下,新材料产业必将成为未来高新技术产业发展的基石和先导,从而对全球经济、科技、环境等各个领域的发展产生深刻影响。中国是石墨资源大国，也是石墨烯研究和应用开发最活跃的国家，已成为全球石墨烯行业发展最强有力的推动力量，在全球石墨烯市场上占据主导地位。

作为21世纪的战略性前沿新材料，石墨烯在中国经过十余年的发展，无论在科学研究还是产业化方面都取得了可喜的成绩，但与此同时也面临一些瓶颈和挑战。如何实现石墨烯的可控、宏量制备，如何开发石墨烯的功能和拓展其应用领域，是我国石墨烯产业发展面临的共性问题和关键科学问题。在这一形势背景下，为了推动我国石墨烯新材料的理论基础研究和产业应用水平提升到一个新的高度，完善石墨烯产业发展体系及在多领域实现规模化应用，促进我国石墨烯科学技术领域研究体系建设、学科发展及专业人才队伍建设和人才培养，一套大部头的精品力作诞生了。北京石墨烯研究院院长、北京大学教授刘忠范院士领衔策划了这套"战略前沿新材料——石墨烯出版工程"，共22分册，从石墨烯的基本性质与表征技术、石墨烯的制备技术和计量标准、石墨烯的分类应用、石墨烯的发展现状报告和石墨烯科普知识等五大部分系统梳理石墨烯全产业链知识。丛书内容设置点面结合、布局合理，编写思路清晰、重点明确，以期探索石墨烯基础研究新高地、追踪石墨烯行业发展、反映石墨烯领域重大创新、展现石墨烯领域自主知识产权成果，为我国战略前沿新材料重大规划提供决策参考。

参与这套丛书策划及编写工作的专家、学者来自国内二十余所高校、科研院所及相关企业，他们站在国家高度和学术前沿，以严谨的治学精神对石墨烯研究成果进行整理、归纳、总结，以出版时代精品作为目标。丛书展示给读者完善的科学理论、精准的文献数据、丰富的实验案例，对石墨烯基础理论研究和产业技术升级具有重要指导意义，并引导广大科技工作者进一步探索、研究，突破更多石墨烯专业技术难题。相信，这套丛书必将成为石墨烯出版领域的标杆。

尤其让我感到欣慰和感激的是，这套丛书被列入"十三五"国家重点出版物出版规划，并得到了国家出版基金的大力支持，我要向参与丛书编写工作的所有同仁和华东理工大学出版社表示感谢,正是有了你们在各自专业领域中的倾情奉献和互相配合,才使得这套高水准的学术专著能够顺利出版问世。

最后,作为这套丛书的编委会顾问成员,我在此积极向广大读者推荐这套丛书。

中国科学院院士

2020 年 4 月于中国科学院化学研究所

总序 二

"战略前沿新材料——石墨烯出版工程":
一套集石墨烯之大成的丛书

2010 年 10 月 5 日,我在宝岛台湾参加海峡两岸新型碳材料研讨会并作了"石墨烯的制备与应用探索"的大会邀请报告,数小时之后就收到了对每一位从事石墨烯研究与开发的工作者来说都十分激动的消息:2010 年度的诺贝尔物理学奖授予英国曼彻斯特大学的 Andre Geim 和 Konstantin Novoselov 教授,以表彰他们在石墨烯领域的开创性实验研究。

碳元素应该是人类已知的最神奇的元素了,我们每个人时时刻刻都离不开它:我们用的燃料全是含碳的物质,吃的多为碳水化合物,呼出的是二氧化碳。不仅如此,在自然界中纯碳主要以两种形式存在:石墨和金刚石,石墨成就了中国书法,而金刚石则是美好爱情与幸福婚姻的象征。自 20 世纪 80 年代初以来,碳一次又一次给人类带来惊喜:80 年代伊始,科学家们采用化学气相沉积方法在温和的条件下生长出金刚石单晶与薄膜;1985 年,英国萨塞克斯大学的 Kroto 与美国莱斯大学的 Smalley 和 Curl 合作,发现了具有完美结构的富勒烯,并于 1996 年获得了诺贝尔化学奖;1991 年,日本 NEC 公司的 Iijima 观察到由碳组成的管状纳米结构并正式提出了碳纳米管的概念,大大推动了纳米科技的发展,并于 2008 年获得了卡弗里纳米科学奖;2004 年,Geim 与当时他的博士研究生 Novoselov 等人采用粘胶带剥离石墨的方法获得了石墨烯材料,迅速激发了科学界的研究热情。事实上,人类对石墨烯结构并不陌生,石墨烯是由单层碳原子构成的二维蜂窝状结构,是构成其他维数形式碳材料的基本单元,因此关于石墨烯结构的工作可追溯到 20 世纪 40 年代的理论研究。1947 年,Wallace 首次计算了石墨烯的电子结构,并且发现其具有奇特的线性色散关系。自此,石墨烯作为理论模型,被广泛用于描述碳材料的结构与性能,但人们尚未把石墨烯本身也作为一种材料来进行研究与开发。

石墨烯材料甫一出现即备受各领域人士关注,迅速成为新材料、凝聚态物理等领域的"高富帅",并超过了碳家族里已很活跃的两个明星材料——富勒烯和碳纳米管,这主要归因于以下三大理由。一是石墨烯的制备方法相对而言非常简单。Geim 等人采用了一种简单、有效的机械剥离方法,用粘胶带撕裂即可从石墨晶体中分离出高质量的多层甚至单层石墨烯。随后科学家们采用类似原理发明了"自上而下"的剥离方法制备石墨烯及其衍生物,如氧化石墨烯;或采用类似制备碳纳米管的化学气相沉积方法"自下而上"生长出单层及多层石墨烯。二是石墨烯具有许多独特、优异的物理、化学性质,如无质量的狄拉克费米子、量子霍尔效应、双极性电场效应、极高的载流子浓度和迁移率、亚微米尺度的弹道输运特性,以及超大比表面积,极高的热导率、透光率、弹性模量和强度。最后,特别是由于石墨烯具有上述众多优异的性质,使它有潜力在信息、能源、航空、航天、可穿戴电子、智慧健康等许多领域获得重要应用,包括但不限于用于新型动力电池、高效散热膜、透明触摸屏、超灵敏传感器、智能玻璃、低损耗光纤、高频晶体管、防弹衣、轻质高强航空航天材料、可穿戴设备,等等。

因其最为简单和完美的二维晶体、无质量的费米子特性、优异的性能和广阔的应用前景,石墨烯给学术界和工业界带来了极大的想象空间,有可能催生许多技术领域的突破。世界主要国家均高度重视发展石墨烯,众多高校、科研机构和公司致力于石墨烯的基础研究及应用开发,期待取得重大的科学突破和市场价值。中国更是不甘人后,是世界上石墨烯研究和应用开发最为活跃的国家,拥有一支非常庞大的石墨烯研究与开发队伍,位居世界第一,没有之一。有关统计数据显示,无论是正式发表的石墨烯相关学术论文的数量、中国申请和授权的石墨烯相关专利的数量,还是中国拥有的从事石墨烯相关的企业数量以及石墨烯产品的规模与种类,都远远超过其他任何一个国家。然而,尽管石墨烯的研究与开发已十六载,我们仍然面临着一系列重要挑战,特别是高质量石墨烯的可控规模制备与不可替代应用的开拓。

十六年来,全世界许多国家在石墨烯领域投入了巨大的人力、物力、财力进行研究、开发和产业化,在制备技术、物性调控、结构构建、应用开拓、分析检测、标准制定等诸多方面都取得了长足的进步,形成了丰富的知识宝库。虽有一些有关石墨烯的中文书籍陆续问世,但尚无人对这一知识宝库进行全面、系统的总结、分析并结集出版,以指导我国石墨烯研究与应用的可持续发展。为此,我国石墨烯研究领域的主要开拓者及我国石墨烯发展的重要推动者、北京大学教授、北京石墨烯研究院创院院长刘忠范院士亲自策划并担任总主编,主持编撰"战略前沿新材料——石墨烯出版工程"这套丛书,实为幸事。该丛书由石墨烯的基本性质与表征技术、石墨烯的制备技术和计量标准、石墨烯的分类应用、石墨烯的发展现状报告、石墨烯科普知识等五大部分共22分册构成,由刘忠范院士、张锦院士等一批在石墨烯研究、应用开发、检测与标准、平台建设、产业发展等方面的知名专家执笔撰写,对石墨烯进行了360°的全面检视,不仅很好地总结了石墨烯领域的国内外最新研究进展,包括作者们多年辛勤耕耘的研究积累与心得,系统介绍了石墨烯这一新材料的产业化现状与发展前景,而且还包括了全球石墨烯产业报告和中国石墨烯产业报告。特别是为了更好地让公众对石墨烯有正确的认识和理解,刘忠范院士还率先垂范,亲自撰写了《有问必答:石墨烯的魅力》这一科普分册,可谓匠心独具、运思良苦,成为该丛书的一大特色。我对他们在百忙之中能够完成这一巨制甚为敬佩,并相信他们的贡献必将对中国乃至世界石墨烯领域的发展起到重要推动作用。

　　刘忠范院士一直强调"制备决定石墨烯的未来"，我在此也呼应一下："石墨烯的未来源于应用"。我衷心期望这套丛书能帮助我们发明、发展出高质量石墨烯的制备技术，帮助我们开拓出石墨烯的"杀手锏"应用领域，经过政产学研用的通力合作，使石墨烯这一结构最为简单但性能最为优异的碳家族的最新成员成为支撑人类发展的神奇材料。

中国科学院院士

成会明，2020 年 4 月于深圳

清华大学，清华－伯克利深圳学院，深圳

中国科学院金属研究所，沈阳材料科学国家研究中心，沈阳

丛书前言

　　石墨烯是碳的同素异形体大家族的又一个传奇，也是当今横跨学术界和产业界的超级明星，几乎到了家喻户晓、妇孺皆知的程度。当然，石墨烯是当之无愧的。作为由单层碳原子构成的蜂窝状二维原子晶体材料，石墨烯拥有无与伦比的特性。理论上讲，它是导电性和导热性最好的材料，也是理想的轻质高强材料。正因如此，一经问世便吸引了全球范围的关注。石墨烯有可能创造一个全新的产业，石墨烯产业将成为未来全球高科技产业竞争的高地，这一点已经成为国内外学术界和产业界的共识。

　　石墨烯的历史并不长。从 2004 年 10 月 22 日，安德烈·海姆和他的弟子康斯坦丁·诺沃肖洛夫在美国 Science 期刊上发表第一篇石墨烯热点文章至今，只有十六个年头。需要指出的是，关于石墨烯的前期研究积淀很多，时间跨度近六十年。因此不能简单地讲，石墨烯是 2004 年发现的、发现者是安德烈·海姆和康斯坦丁·诺沃肖洛夫。但是，两位科学家对"石墨烯热"的开创性贡献是毋庸置疑的，他们首次成功地研究了真正的"石墨烯材料"的独特性质，而且用的是简单的透明胶带剥离法。这种获取石墨烯的实验方法使得更多的科学家有机会开展相关研究，从而引发了持续至今的石墨烯研究热潮。2010 年 10 月 5 日，两位拓荒者荣获诺贝尔物理学奖,距离其发表的第一篇石墨烯论文仅仅六年时间。"构成地球上所有已知生命基础的碳元素,又一次惊动了世界",瑞典皇家科学院当年发表的诺贝尔奖新闻稿如是说。

从科学家手中的实验样品,到走进百姓生活的石墨烯商品,石墨烯新材料产业的前进步伐无疑是史上最快的。欧洲是石墨烯新材料的发祥地,欧洲人也希望成为石墨烯新材料产业的领跑者。一个重要的举措是启动"欧盟石墨烯旗舰计划",从 2013 年起,每年投资一亿欧元,连续十年,通过科学家、工程师和企业家的接力合作,加速石墨烯新材料的产业化进程。英国曼彻斯特大学是石墨烯新材料呱呱坠地的场所,也是世界上最早成立石墨烯专门研究机构的地方。2015 年 3 月,英国国家石墨烯研究院(NGI)在曼彻斯特大学启航;2018 年 12 月,曼彻斯特大学又成立了石墨烯工程创新中心(GEIC)。动作频频,基础与应用并举,矢志充当石墨烯产业的领头羊角色。当然,石墨烯新材料产业的竞争是激烈的,美国和日本不甘其后,韩国和新加坡也是志在必得。据不完全统计,全世界已有 179 个国家或地区加入了石墨烯研究和产业竞争之列。

中国的石墨烯研究起步很早,基本上与世界同步。全国拥有理工科院系的高等院校,绝大多数都或多或少地开展着石墨烯研究。作为科技创新的国家队,中国科学院所辖遍及全国的科研院所也是如此。凭借着全球最大规模的石墨烯研究队伍及其旺盛的创新活力,从 2011 年起,中国学者贡献的石墨烯相关学术论文总数就高居全球榜首,且呈遥遥领先之势。截至 2020 年 3 月,来自中国大陆的石墨烯论文总数为 101 913 篇,全球占比达到 33.2%。需要强调的是,这种领先不仅仅体现在统计数字上,其中不乏创新性和引领性的成果,超洁净石墨烯、超级石墨烯玻璃、烯碳光纤就是典型的例子。

中国对石墨烯产业的关注完全与世界同步,行动上甚至更为迅速。统计数据显示,早在 2010 年,正式工商注册的开展石墨烯相关业务的企业就高达 1 778 家。截至 2020 年 2 月,这个数字跃升到 12 090 家。对石墨烯高新技术产业来说,知识产权的争夺自然是十分激烈的。进入 21 世纪以来,知识产权问题受到国人前所未有的重视,这一点在石墨烯新材料领域得到了充分的体现。截至 2018 年底,全球石墨烯相关的专利申请总数为 69 315 件,其中来自中国大陆的专利高达 47 397 件,占比 68.4%,可谓是独占鳌头。因此,从统计数据上看,中国的石墨烯研究与产业化进程无疑是引领世界的。当然,不可否认的是,统计数字只能反映一部分现实,也会掩盖一些重要的"真实",当然这一点不仅仅限于石墨烯新材料领域。

中国的"石墨烯热"已经持续了近十年,甚至到了狂热的程度,这是全球其他国家和地区少见的。尤其在前几年的"石墨烯淘金热"巅峰时期,全国各地争相建设"石墨烯产业园""石墨烯小镇""石墨烯产业创新中心",甚至在乡镇上都建起了石墨烯研究院,可谓是"烯流滚滚",真有点像当年的"大炼钢铁运动"。客观地讲,中国的石墨烯产业推进速度是全球最快的,既有的产业大军规模也是全球最大的,甚至吸引了包括两位石墨烯诺贝尔奖得主在内的众多来自海外的"淘金者"。同样不可否认的是,中国的石墨烯产业发展也存在着一些不健康的因素,一哄而上,遍地开花,导致大量的简单重复建设和低水平竞争。以石墨烯材料生产为例,2018 年粉体材料年产能达到 5 100 吨,CVD 薄膜年产能达到 650 万平方米,比其他国家和地区的总和还多,实际上已经出现了产能过剩问题。2017 年 1 月 30 日,笔者接受澎湃新闻采访时,明确表达了对中国石墨烯产业发展现状的担忧,随后很快得到习近平总书记的高度关注和批示。有关部门根据习总书记的指示,做了全国范围的石墨烯产业发展现状普查。三年后的现在,应该说情况有所改变,随着人们对石墨烯新材料的认识不断深入,以及从实验室到市场的产业化实践,中国的"石墨烯热"有所降温,人们也渐趋冷静下来。

这套大部头的石墨烯丛书就是在这样一个背景下诞生的。从 2004 年至今,已经有了近十六年的历史沉淀。无论是石墨烯的基础研究,还是石墨烯材料的产业化实践,人们都有了更多的一手材料,更有可能对石墨烯材料有一个全方位的、科学的、理性的认识。总结历史,是为了更好地走向未来。对于新兴的石墨烯产业来说,这套丛书出版的意义也是不言而喻的。事实上,国内外已经出版了数十部石墨烯相关书籍,其中不乏经典性著作。本丛书的定位有所不同,希望能够全面总结石墨烯相关的知识积累,反映石墨烯领域的国内外最新研究进展,展示石墨烯新材料的产业化现状与发展前景,尤其希望能够充分体现国人对石墨烯领域的贡献。本丛书从策划到完成前后花了近五年时间,堪称马拉松工程,如果没有华东理工大学出版社项目团队的创意、执着和巨大的耐心,这套丛书的问世是不可想象的。他们的不达目的决不罢休的坚持感动了笔者,让笔者承担起了这项光荣而艰巨的任务。而这种执着的精神也贯穿整个丛书编写的始终,融入每位作者的写作行动中,把好质量关,做出精品,留下精品。

　　本丛书共包括 22 分册,执笔作者 20 余位,都是石墨烯领域的权威人物、一线专家或从事石墨烯标准计量工作和产业分析的专家。因此,可以从源头上保障丛书的专业性和权威性。丛书分五大部分,囊括了从石墨烯的基本性质和表征技术,到石墨烯材料的制备方法及其在不同领域的应用,以及石墨烯产品的计量检测标准等全方位的知识总结。同时,两份最新的产业研究报告详细阐述了世界各国的石墨烯产业发展现状和未来发展趋势。除此之外,丛书还为广大石墨烯迷们提供了一份科普读物《有问必答:石墨烯的魅力》,针对广泛征集到的石墨烯相关问题答疑解惑,去伪求真。各分册具体内容和执笔分工如下:01 分册,石墨烯的结构与基本性质(刘开辉);02 分册,石墨烯表征技术(张锦);03 分册,石墨烯材料的拉曼光谱研究(谭平恒);04 分册,石墨烯制备技术(彭海琳);05 分册,石墨烯的化学气相沉积生长方法(刘忠范);06 分册,粉体石墨烯材料的制备方法(李永峰);07 分册,石墨烯的质量技术基础:计量(任玲玲);08 分册,石墨烯电化学储能技术(杨全红);09 分册,石墨烯超级电容器(阮殿波);10 分册,石墨烯微电子与光电子器件(陈弘达);11 分册,石墨烯透明导电薄膜与柔性光电器件(史浩飞);12 分册,石墨烯膜材料与环保应用(朱宏伟);13 分册,石墨烯基传感器件(孙立涛);14 分册,石墨烯宏观材料及其应用(高超);15 分册,石墨烯复合材料(杨程);16 分册,石墨烯生物技术(段小洁);17 分册,石墨烯化学与组装技术(曲良体);18 分册,功能化石墨烯及其复合材料(智林杰);19 分册,石墨烯粉体材料:从基础研究到工业应用(侯士峰);20 分册,全球石墨烯产业研究报告(李义春);21 分册,中国石墨烯产业研究报告(周静);22 分册,有问必答:石墨烯的魅力(刘忠范)。

　　本丛书的内容涵盖石墨烯新材料的方方面面,每个分册也相对独立,具有很强的系统性、知识性、专业性和即时性,凝聚着各位作者的研究心得、智慧和心血,供不同需求的广大读者参考使用。希望丛书的出版对中国的石墨烯研究和中国石墨烯产业的健康发展有所助益。借此丛书成稿付梓之际,对各位作者的辛勤付出表示真诚的感谢。同时,对华东理工大学出版社自始至终的全力投入表示崇高的敬意和诚挚的谢意。由于时间、水平等因素所限,丛书难免存在诸多不足,恳请广大读者批评指正。

刘忠范

2020 年 3 月于墨园

前　言

　　石墨烯的出现打开了二维材料世界的大门,新物理、新器件和新应用层出不穷! 石墨烯具有优异的力、热、光、电特性,被广泛应用于复合材料、环境、生物医药、能源和信息领域。在信息领域,石墨烯能够充分发挥其优良光、电性能,可分别实现信息获取、信息处理和信息传输等信息技术核心功能。我国对石墨烯信息技术发展十分重视,华为技术有限公司创始人任正非认为"石墨烯时代会代替硅时代",石墨烯有潜力像硅一样在信息技术领域发挥重大作用。石墨烯微电子与光电子器件作为石墨烯在信息领域发挥重要作用的载体,引起广泛关注。剑桥大学石墨烯中心围绕石墨烯电子和石墨烯光电子开展科学研究;曼彻斯特大学国家石墨烯研究院围绕石墨烯在 5G 领域的应用展开研究,开展了石墨烯射频、石墨烯光子和石墨烯集成技术相关工作;欧盟和美国也在石墨烯信息领域,特别是石墨烯微电子与光电子器件领域布局大量科研项目。

　　大力发展新材料技术是我国在信息领域弯道超车的重要途径,中央和地方均极为重视新材料技术的发展。在国家政策确立石墨烯"新材料之王"地位、集中力量促进石墨烯发展的背景下,各级政府将石墨烯产业作为地方产业升级换代的突破口,纷纷成立石墨烯相关产业园区或企业联盟。石墨烯相关书籍作为石墨烯相关科学技术的重要传播媒介,能够促进石墨烯产业的发展。目前,石墨烯电子信息技术相关书籍较少,尤其是针对石墨烯微电子与光电子器件的书籍还有待完善,因此,编著石墨烯微电子与光电子器件相关书籍具有重要意义,能够为石墨烯信息技术的发展提供助力。

　　本书收录了我们课题组近些年来在石墨烯微电子与光电子器件领域的相关成果和国内外最新进展。首先介绍石墨烯的基本光电特性,然后介绍石墨烯晶体管以及基于石墨烯晶体管的新型石墨烯微电子器件,石墨烯光调制器和石墨烯光探测器等石墨烯光电子器件,最后介绍石墨烯光电子器件与传统硅 CMOS 电路单片集成芯片。本书力求将较为完整的石墨烯微电子与光电子器件的基础知识和研究全貌展示给读者,期望对读者掌握石墨烯微电子与光电子器件的基础知识和相关研究中的关键科学问题有所帮助。

本书框架由陈弘达研究员提出,全书内容由陈弘达研究员统筹安排完成。本书中石墨烯微电子器件部分主要由毛旭瑞负责完成,石墨烯光电子器件部分主要由程传同负责完成,石墨烯光电子器件与硅 CMOS 电路单片集成芯片部分主要由黄北举负责完成。陈润、张恒杰等研究生对本书的完成做出了贡献。

本书所涉及的研究成果是作者在国家自然科学基金项目、科技部重点专项和博士后科学基金的支持下完成的,在此表示感谢!

限于作者水平,书中难免有疏漏之处,敬请专家和读者批评指正。

陈弘达

2019 年 5 月

目　录

第 1 章

绪　论

1.1　引言

2004 年,英国曼彻斯特大学的两位科学家安德烈·海姆(Andre Geim)和康斯坦丁·诺沃肖洛夫(Kostya Novoselov)利用机械剥离的方法首次制备出结构稳定的二维材料石墨烯,随后关于石墨烯的重大科研成果如雨后春笋般涌现。鉴于新材料石墨烯在几乎所有领域都发挥着重要作用,其发现者在其问世短短 6 年之后就获得了诺贝尔物理学奖。石墨烯独特的晶体结构蕴含了丰富的新物理、新化学特性和新奇效应,这些特性与效应使其成为一种同时具有优良力学、热学、光学和电学特性的"万能材料"。

石墨烯凭借其极高的载流子迁移率、高本征饱和速度、宽光谱吸收范围等优秀材料特性,已然成为微电子和光电子领域的前沿研究热点。石墨烯场效应晶体管(Graphene Field Effect Transistor,GFET)作为石墨烯在微电子领域的核心器件,已经获得长足发展,截止频率(f_T)为 427 GHz 的 GFET 已经被成功研制。石墨烯光调制器与光电探测器作为石墨烯在光电子领域的重要器件,发展十分迅速,超高电学带宽、超高光响应度的石墨烯光调制器和光探测器不断被报道。

受益于石墨烯独特的材料性能,石墨烯微电子与光电子器件都具有独特的器件性能。现阶段,利用 GFET 等基本石墨烯器件的独特性能来开发一些具有新功能的器件能够进一步扩大石墨烯的应用领域。这些新型器件有潜力获得传统器件无法企及的性能。

此外,随着 GFET 等分立石墨烯器件的快速发展,将分立的器件集成化、芯片化是进一步的发展方向,这样能够在提高分立器件性能的同时,大大提高分立器件的实用化潜力。

本章首先介绍石墨烯的基本物理特性,然后分别介绍石墨烯微电子与光电子器件的发展现状及应用,最后介绍石墨烯器件集成化的发展现状。

1.2 石墨烯基本物理特性

1.2.1 能带结构

　　石墨烯是由碳原子组成的六边形蜂窝状单层晶体,每个原胞包含两个碳原子,相邻碳原子的距离为 0.142 nm。这种单层晶体堆叠起来就是我们熟知的石墨晶体,卷起来就是碳纳米管。石墨烯中每个碳原子有 4 个外层电子,其中 3 个电子以 sp^2 杂化方式形成三个 σ 键连接 3 个碳原子;另外一个 2p 电子的电子轨道垂直于晶体平面,并和其他碳原子的 2p 电子轨道形成大 π 键,此键的形成有利于 2p 电子在整个晶体范围内自由移动,保证了石墨烯超高的载流子迁移率。图 1-1 给出了石墨烯的能带结构。石墨烯能带满足线性的色散关系,导带和价

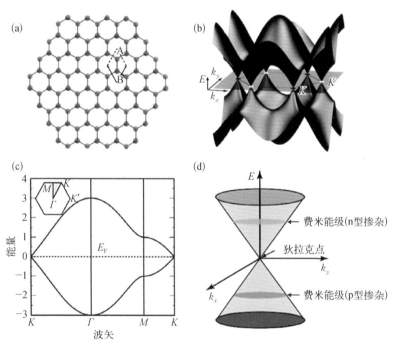

图 1-1 石墨烯能带结构

　　(a)石墨烯六边形蜂窝状晶格结构,每个原胞有 2 个原子;(b)K 空间石墨烯三维能带结构;(c)石墨烯电子态色散关系;(d)费米能级与狄拉克点的关系

带在狄拉克点(Dirac Point,DP)相遇,形成零带隙半导体,也可称为半金属。石墨烯特殊的能带结构决定了其卓越的材料性能。

1.2.2 电学特性

石墨烯的电学特性可归纳为两点:一是具有超高载流子迁移率,二是导电类型可调。石墨烯独特的狄拉克锥能带结构决定了石墨烯具有超高的载流子迁移率和饱和速率,M.Q. Long 等利用第一性原理计算得出石墨烯的载流子迁移率能够达到 $1\,000\,000\ cm^2/(V\cdot s)$,L. Wang 等利用氮化硼包裹石墨烯,在实验上实现了理论预言的载流子迁移率。石墨烯中的载流子具有相对论费米子属性,其有效质量为零,具有超高的饱和速度,能够实现微米量级的弹道输运。石墨烯的线性色散关系导致了其较低的态密度,较小浓度的非平衡载流子注入或抽取都会引起石墨烯费米能级的剧烈变化,甚至穿过狄拉克点,带来导电类型的变化。

由于外加电场能够有效调节石墨烯的费米能级,从而石墨烯器件大多具有电可调谐特性,大大丰富了石墨烯器件的应用领域。图 1-2 展示的是石墨烯电阻率随外加栅压产生的电场的变化。当栅压为负时,石墨烯中的电子被石墨烯与栅极形成的外电路所抽取,石墨烯因缺电子而形成 p 型掺杂,参与导电的载流子浓度较大,电阻率较小。当负栅压绝对值减小时,从石墨烯中抽取的电子数减少,从而石墨烯 p 型掺杂减弱,参与导电的载流子浓度降低,电阻率升高。随着负栅压接近零时,石墨烯中空穴的浓度降到最低,理论上此时电子浓度和空穴浓度都降为最小值,因此石墨烯电阻率达到最大值。随着栅压变为正值,在外电路作用下,电子被注入石墨烯,电阻率开始下降,同时石墨烯变为 n 型导电。随着正栅压的进一步增大,注入石墨烯中的电子浓度不断增加,石墨烯的电阻率不断降低。由以上分析可知,利用外电场可以有效调节石墨烯中载流子的浓度以及导电类型,因此石墨烯具有可调双极性电传输特性。

在大气环境下石墨烯会吸附水和氧气等分子,因此实验室制备出的石墨烯

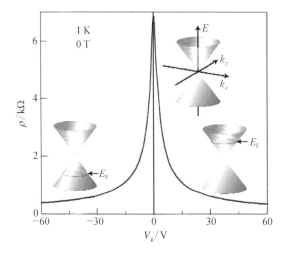

图1-2 石墨烯可
调电学输运特性

一般为 p 型掺杂,即其电阻率最大点位置对应的栅压为正值。

1.2.3 光学特性

石墨烯的光学特性可归纳为以下五点:(1) 2.3%光吸收;(2) 超宽带光吸收;(3) 可饱和光吸收;(4) 极化敏感光吸收;(5) 可调光吸收。本小节分别介绍石墨烯的以上几种光学特性。

R.R. Nair 等通过测试空气、单层石墨烯和双层石墨烯的透射率[图 1 - 3(a)]发现单层石墨烯能够吸收 2.3%的入射光,说明石墨烯具有极强的光吸收能力,这为石墨烯在光学显微镜下的可见带来可能。此外,该实验也表明了石墨烯材料的透明特性(97.7%透光率),这一特性使其有潜力代替现在商用的比较昂贵的铟锡氧化物(ITO)半导体透明导电膜,实现透明电极。图 1 - 3(b)展示的是石墨烯在可见光波段的常数吸收特性,光吸收率随层数增加而线性增加,测试结果与理论符合很好。受益于石墨烯的零带隙特性,石墨烯的吸收谱极宽,覆盖紫外、可见、红外及远红外波段。

对于饱和光吸收,当光功率较弱时,石墨烯狄拉克点附近的能带未被填满,石墨烯的光吸收率保持不变;当光功率很强时,石墨烯狄拉克点附近的能带被填满,由于泡利阻塞效应,石墨烯不能继续吸收光子而实现饱和吸收。利用石

图 1-3 石墨烯光
吸收特性测试

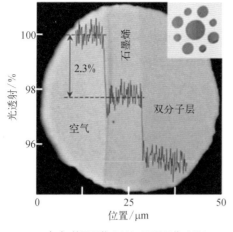

（a）单层吸收 2.3%，双层吸收 4.6%

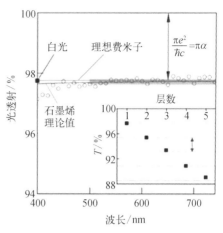

（b）石墨烯常数光吸收率实验与理论结果

墨烯的饱和吸收特性，Q.L. Bao 等借助光纤系统实现的世界上第一只基于石墨烯的锁模激光器，获得了脉宽 756 fs[①]、重复频率 1.79 MHz 的脉冲激光输出。G.K. Lim 等利用分散石墨烯微片的局域效应实现了基于石墨烯的高效的光限幅器，完成了对 10 mJ /cm² 的入射光能量密度的限幅作用。W. Li 等利用石墨烯包覆拉丝微光纤实现了基于石墨烯的超快全光调制器，借助泵浦光信号实现了对信号光 38% 的强度调制，光调制响应时间为 2.2 ps[②]，对应 200 GHz 的工作带宽。

　　石墨烯对电场振动方向垂直于石墨烯平面信号光的吸收系数大于电场振动方向平行于石墨烯平面信号光的吸收系数，利用这一特性，Q.L. Bao 等将石墨烯布置到去除一半包层的单模光纤（D 型光纤）表面实现了宽带光极化器，获得了 27 dB 的消光比。石墨烯的费米能级可以通过外电场调节，不同的费米能级对应不同的石墨烯 /光耦合强度，最终实现可调吸收系数。基于石墨烯可调的光吸收特性，F. Wang 等利用单层石墨烯和双层石墨烯分别实现了对空间入射光的反射系数的调制（图 1-4），反射特性与石墨烯材料的能带结构关系密切，对费米能级的调节导致了反射系数的变化。M. Liu 等将石墨烯布置在硅光波导表面，其

① 1 fs（飞秒）＝10^{-15} s（秒）。
② 1 ps（皮秒）＝10^{-12} s（秒）。

中硅光波导具有两个作用,一是实现对石墨烯费米能级的调节,二是传导光信号。利用硅波导结构能够增强光信号与石墨烯的相互作用,从而增强对光信号的调制作用,实现了 0.1 dB/μm 的消光。石墨烯可调光学特性可用于制作高性能光调制器,可广泛用于信息传输领域,本书第 3 章将详细介绍石墨烯光调制器。

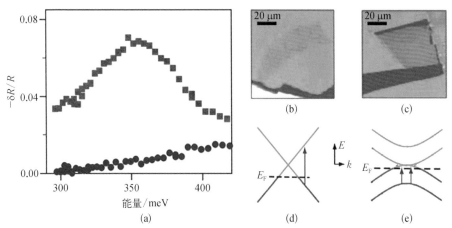

图 1-4 石墨烯对空间入射光反射率的调制

(a)红外光反射率随石墨烯费米能级变化;(b)机械剥离单层石墨烯;(c)机械剥离双层石墨烯;(d)单层石墨烯光吸收调制原理;(e)双层石墨烯光吸收调制原理

1.2.4 光电特性

在现代社会,光电探测器的光电转换功能推动着光通信技术、成像技术的快速发展。高效光探测主要包括三个过程:高效光吸收、高电子-空穴对产生效率和高光生载流子收集效率。探测效率可定义为外量子效率,外量子效率越大,表明光探测器的探测效率越高。

石墨烯材料在光照作用下,能够通过电导率的高效变化实现高效的光电转换。石墨烯实现光探测的物理机制主要包括光伏效应、光热电效应、光热效应、等离子波辅助效应和光场栅效应。下面分别介绍石墨烯不同的光电响应机制。

光伏光电流产生的机制是石墨烯吸收光子后产生的电子空穴对在电场作用

下分离,最终被电极收集。发挥重要作用的电场可以是石墨烯 pn 结界面产生的电场,或者是不同掺杂水平石墨烯界面产生的电场,也可以是外加源漏偏压产生的电场。光电流正比于载流子迁移率,因此石墨烯因具有超高载流子迁移率而非常适合用作光电探测器有源区材料。

光热电光电流的产生来源于石墨烯吸收光子后产生的热载流子,热载流子使石墨烯不同区域具有不同的电子温度,在赛贝克效应发挥作用时产生对外光电流。材料的赛贝克系数 S 对光热电光电流的大小有重要影响。当材料的电导率随栅压增大而增大时,S 为负值;当材料电导率随栅压增大而减小时,S 为正值。在温度差固定的条件下,不同区域材料赛贝克系数相差越大,光热电光电流越大。当石墨烯材料为 p 型掺杂时,S 为正值;当石墨烯材料为 n 型掺杂时,S 为负值。在石墨烯 pn 结界面照射光信号,能够高效产生光热电光电流。

光热效应发挥作用时,石墨烯中不涉及光生载流子,光照导致石墨烯电导率的变化,本质是光将石墨烯加热,随后石墨烯中载流子的浓度和迁移率会产生变化,因此在固定源漏偏压作用下,流过石墨烯的电流发生变化,从而实现光探测。石墨烯的电阻随温度的变化率决定了光热响应的大小。由于石墨烯为零带隙半导体,具有较大的电阻温度系数,因此适合制作高灵敏度热辐射探测器。

Dyakonov 和 Shur 等提出利用 GFET 产生的直流电压来探测交流辐射场,主要用于对 THz 光信号的探测。L. Vicarelli 等利用 GFET 实现了 THz 探测器在室温下工作,其工作机制是 GFET 沟道中的载流子在交流辐射场的作用下形成等离子体波,产生对外直流电压。光响应正比于沟道石墨烯电导率对栅压的变化率。由于石墨烯的电导率极易调节,因此利用石墨烯能够实现 THz 光探测器对 THz 光信号的高效探测。

基于光场栅效应的石墨烯光电探测器(Graphene Photo Detector,GPD)的器件结构的光探测原理为:入射光信号被量子点吸收产生电子空穴对,其中空穴通过石墨烯和量子点的界面转移到石墨烯沟道,此空穴在源漏偏压形成的电场作用下形成对外电流。此种光探测器借助量子点较长的载流子寿命,能够实现石墨烯中超高的载流子增益,有潜力实现单光子探测。

1.3 石墨烯场效应晶体管

1.3.1 GFET 结构与基本特性

常见的 GFET 结构如图 1-5 所示。2004 年世界上第一只 GFET 使用的是图 1-5(a)所示的背栅结构,此结构被广泛用于研究石墨烯的基本材料性质,但其具有巨大的寄生电容和不便于与其他器件集成等缺点。2007 年 M.C. Lemme 等在硅衬底上实现了第一只顶栅 GFET[图 1-5(b)],开启了顶栅 GFET 快速发展的时代。由于碳化硅外延石墨烯具有非零带隙,基于外延石墨烯的 GFET[图 1-5(c)]也得到了快速发展。

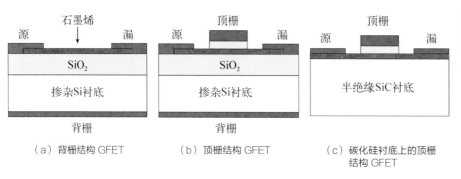

（a）背栅结构 GFET （b）顶栅结构 GFET （c）碳化硅衬底上的顶栅结构 GFET

图 1-5 常见GFET 结构示意图

受益于石墨烯较低的态密度,石墨烯的费米能级能够被外电场有效调节。图 1-6 展示了 10 K 低温环境下 GFET 沟道石墨烯电导率随栅压的变化,可得一种新颖的 V 型转移曲线,表明了石墨烯的双极性电传输特性。

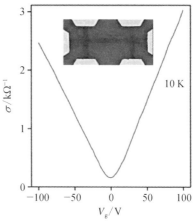

图 1-6 GFET 转移特性

石墨烯微电子与光电子器件

1.3.2 GFET 发展现状

凭借石墨烯超高的载流子迁移率，GFET 的截止频率有望达到 THz。2010年 Y.M. Lin 等利用碳化硅外延石墨烯制备了截止频率达到 100 GHz 的 GFET（沟道长度为 240 nm 时）（图 1-7），该工作也成功实现了晶圆级 GFET 的制备。同年，L. Liao 等利用自对准纳米线栅极制备了截止频率为 300 GHz 的 GFET（图 1-8）。随后 R. Cheng 等利用自对准叠层栅极制备了截止频率为 427 GHz 的 GFET（1.1 V 偏压作用下，见图 1-9）。

图 1-7　晶圆级外延 GFET

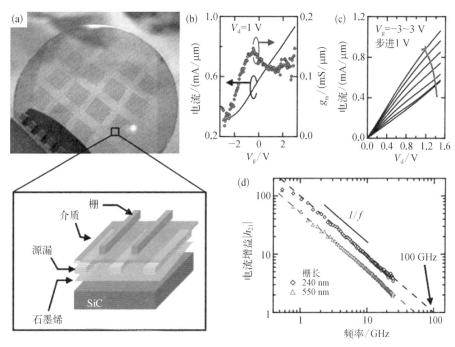

（a）晶圆级 GFET 阵列及 GFET 结构示意图；（b）1 V 偏压作用下 GFET 的转移特性；（c）不同栅压作用下 GFET 的伏安特性；（d）GFET 的截止频率

在最高振荡频率方面，Y. Wu 等利用新型金膜辅助转移方法减小 GFET 的栅电阻和接触电阻，实现了 200 GHz 的最高振荡频率（去嵌后），其工作如图

1-10所示。以上研究工作表明高频 GFET 得到了充分的发展,大有赶超传统材料 FET 的潜力。

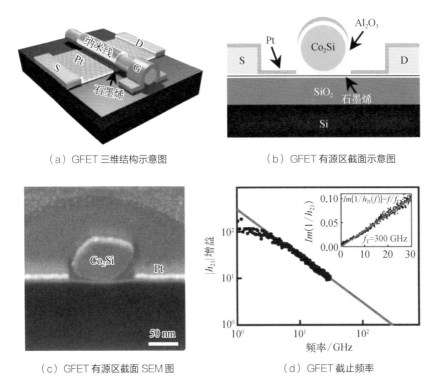

（a）GFET 三维结构示意图　　　　　　（b）GFET 有源区截面示意图

（c）GFET 有源区截面 SEM 图　　　　　（d）GFET 截止频率

图 1-8　纳米线栅自对准 GFET

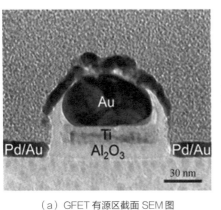

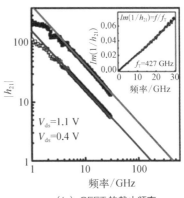

（a）GFET 有源区截面 SEM 图　　　　　（b）GFET 的截止频率

图 1-9　叠层栅自对准 GFET

　　　　　　　　　　　　　　　　石墨烯微电子与光电子器件

图 1-10　金膜辅助转移 GFET

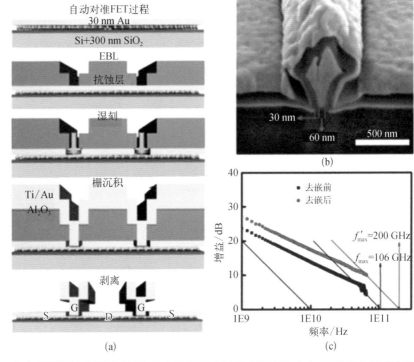

（a）新型器件加工流程示意图；（b）GFET 有源区截面 SEM 图；（c）GFET 的最大振荡频率

1.3.3　GFET 在射频领域的应用介绍

GFET 特殊的伏安特性和转移特性使得 GFET 成为非线性射频器件的研究热点。在倍频器方面，2009 年，H. Wang 等利用背栅 GFET 的 V 型转移曲线制备了世界上第一只石墨烯二倍频器，频谱纯度超过 90%；随后，Z.X. Wang 等和 M.E. Ramón 等先后利用顶栅 GFET 制备了高性能二倍频器，使倍频器能够在 GHz 频段工作。在石墨烯二倍频器概念的基础上，H.Y. Chen 等创新性地利用两只 GFET 串联结构制备了世界上第一只基于石墨烯的三倍频器，其频谱纯度超过 70%，其研究结果如图 1-11 所示。

在混频器方面，H. Wang 等利用 GFET 的 V 型转移特性制备了世界上第一只石墨烯混频器，该混频器工作在 10 MHz，变频损耗为 30～40 dB；Y.M. Lin 等利用

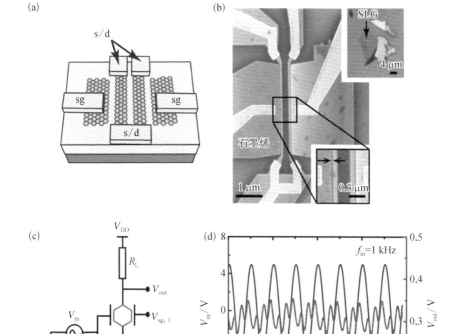

（a）器件结构示意图；（b）器件光学显微图，器件使用的是机械剥离的高质量石墨烯；（c）三倍频器测试电路简图；（d）三倍频功能测试结果（栅端输入 1 kHz 电信号，漏端得到 3 kHz 输出电信号）

GFET 沟道电阻随栅压和源漏偏压线性变化的特性，以单片集成电路的方式实现了阻性混频器，能够完成 4 GHz 本振信号和 3.8 GHz 射频信号的混频，得到200 MHz 和 7.8 GHz的混频信号，其研究结果如图 1-12 所示。图 1-12(a)中，GFET 栅端输入射频信号，漏端输入本振信号，漏端输出中频信号。随后，O. Habibpour 等研制出了基于石墨烯的亚谐波混频器，在 GFET 栅极加载1.01 GHz 的本振信号，在漏极加载 2 GHz 的射频信号，输出 20 MHz 的下变频信号，下变频损耗为 24 dB。笔者利用 GFET 独特的光电特性制备了世界上第一只基于石墨烯的光电混频器，完成了2 MHz 电信号和 1 GHz 光信号的直接混频，变频损耗为 23 dB。

除了倍频器和混频器，GFET 还被广泛应用于实现鉴相器、键控相位调制器以及键控信号解调等。以上成果表明充分利用 GFET 的独特性能，能够开发大

图 1-12 单片集成石墨烯混频器

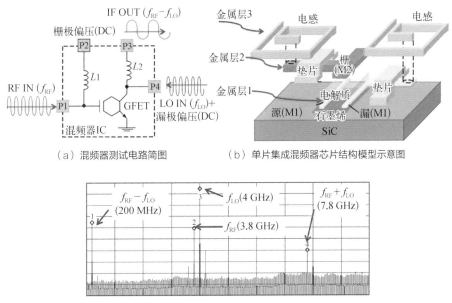

(a) 混频器测试电路简图　　　　(b) 单片集成混频器芯片结构模型示意图

(c) 混频器混频功能测试结果

量新型功能性石墨烯器件,在此基础上,继续开发基于 GFET 的新型功能器件具有重要的科研价值和深远的现实意义。

1.4　石墨烯光电探测器

1.4.1　GPD 基本结构与特性

金属-石墨烯-金属(Metal-Graphene-Metal,MGM)结构是以石墨烯为有源区材料的石墨烯光电探测器(Graphene Photo Detector,GPD)最基本的结构,如图 1-13(a)所示。在石墨烯材料两端布置两个金属电极,实现光电流信号的输出。GPD 有源区可等效为一个具有有限内阻和极小电容的电流源。考虑源漏电极的寄生参数,高频状态下 GPD 的物理模型如图 1-13(b)所示。其中 I_{ph} 为高频光电流,R_g 为石墨烯的电阻,C_g 为石墨烯电容,R_c 为接触电阻,C_p 为源漏电极间电容。有效降低器件寄生电容和电阻,能够实现高带宽的光探测器。利用小面积

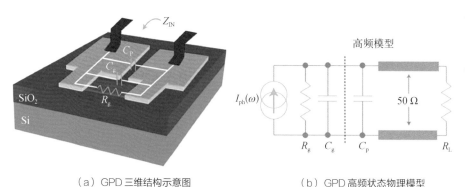

图 1-13 GPD 基本结构

（a）GPD 三维结构示意图　　　　　（b）GPD 高频状态物理模型

的石墨烯有源区和小尺寸的源漏电极能够降低 GPD 的寄生电容,利用高质量的石墨烯材料能够降低 GPD 的寄生电阻,最终能够实现具有超高带宽的 GPD 的研制。

受益于石墨烯的零带隙特性,GPD 具有超宽光学带宽,受益于石墨烯超高载流子迁移率,GPD 理论上具有 500 GHz 的电学带宽。受益于石墨烯的可调光响应特性,GPD 的光电响应高效可调;受益于石墨烯的可饱和吸收特性,GPD 具有非线性光响应。GPD 具有如此多的优良特性,具有重大实用化潜力。

1.4.2　GPD 发展现状

2009 年,F.N. Xia 等研制出了世界上第一只 GPD,利用信号光照射 GPD 电极附近的石墨烯,实现了 40 GHz 的电学带宽,理论上可实现 500 GHz 光信号的探测。然而由于第一只 GPD 具有对称电极结构,不适合探测具有大尺寸模斑的光信号,例如单模光纤中传输的光信号。因此第一只 GPD 不能用于光通信系统,为了解决这一问题,T. Mueller 等引入两种电极材料制备 GPD,实现零偏压下 6.1 mA / W 的光响应度和 16 GHz 的电学带宽。然而引入两种电极材料增加了 GPD 的工艺难度和加工成本,因此,寻找新的工艺或者设计新的 GPD 结构来实现零偏压光探测具有重要意义。另外,由于空间光信号照射到 GPD 有源区,只有 2.3% 的光功率被吸收,为了提高 GPD 中石墨烯对光信号功率的吸收能力,从而提高 GPD 的光响应度,A. Pospischil 等和 X.T. Gan 等几乎同时将光波导引入 GPD,实现了波导集成 GPD,大大提高了 GPD 的光响应度,利用入射光场关于源漏电极不对称特性分别实现零偏压下 50 mA／W 和 15.7 mA／W 的光响应度。为了在获得高响应度的同时提高 GPD 的电学带宽,2015 年,R.J. Shiue 等将氮化硼包裹石墨烯引入波导集成 GPD,实现了 42 GHz 的电学带宽;2016 年,S. Schuler等将石墨烯 pn 结引入波导集成 GPD,实现了 65 GHz 的电学带宽。

1.4.3　GPD 潜在应用

在光探测方面,GPD 凭借超宽的光学带宽,可被用于 850 nm 波段、1 310 nm 波段和 1 550 nm 波段的光通信系统;GPD 凭借超高的电学带宽可实现快速的光电转换,可用于实现高带宽光接收机芯片。在其他方面,凭借 GPD 可调的光电响应可以实现新功能光电器件,例如基于 GPD 的双光信号光电混频器,能够完成两路强度调制光信号的直接混频;基于 GPD 的光电混频器,能够实现强度调制光信号和电信号的直接混频。本书第 4 章会详细介绍 GPD 及其应用。

1.5　石墨烯器件制作工艺

GFET 和 GPD 是石墨烯器件在电子领域和光电子领域的典型代表,掌握制备 GFET 和 GPD 的一般方法是石墨烯器件研究的基础。事实上,在氧化硅片(表面具有 300 nm 或 100 nm 氧化硅的硅片)表面制作 GFET 和 GPD 具有相同的工艺步骤,可分为三步:石墨烯转移;石墨烯图形化;石墨烯电连接。其工艺流程如图 1-14 所示。本小节详细介绍各工艺步骤的实验参数。

图 1-14　石墨烯器件制作基本工艺流程示意图

石墨烯转移　　　　　石墨烯图形化　　　　　石墨烯电连接

1.5.1 石墨烯转移技术

目前,在非金属衬底上直接生长高质量石墨烯的技术还不成熟,在氧化硅片表面获得石墨烯可以通过湿法转移或者机械剥离转移的方法实现。机械剥离方法获得石墨烯的本质是利用胶带和石墨晶体表面的范德瓦尔斯力将石墨晶体不断减薄,然后将粘有石墨晶体薄膜的胶带粘在氧化硅片表面,此时施加一定的压力,使石墨晶体薄膜下表面和氧化硅片表面充分接触。由于石墨烯和氧化硅片表面的范德瓦尔斯力大于石墨烯和石墨晶体之间的范德瓦尔斯力,在将胶带撕起时,石墨烯就从石墨晶体表面转移到氧化硅表面。图1-15为机械剥离方法获得石墨烯的原理示意图。图1-16为通过机械剥离的方法获得石墨烯的1 000倍光学显微图。由于使用了300 nm氧化硅片(硅片表面覆盖300 nm二氧化硅热氧层)作为机械剥离石墨烯的衬底,能够借助光学显微镜观察到单层石墨烯。由于机械剥离石墨烯的质量比较高,大量石墨烯相关的科研成果都是基于机械剥离石墨烯的。但是机械剥离石墨烯的面积较小且不可控,不具有大规模生产的可能,因此需要开发新工艺获得大面积石墨烯。

随着在铜、铂等金属表面合成生产大面积石墨烯技术的快速发展,化学气相

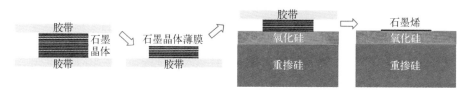

图1-15 机械剥离石墨烯原理示意图

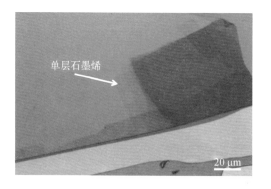

图1-16 机械剥离石墨烯光学显微图

石墨烯微电子与光电子器件

沉积(Chemical Vapor Deposition，CVD)方法合成石墨烯得到了科研界和产业界的密切关注,利用 CVD 石墨烯制作器件具有可标准化和低成本的优势。将金属表面的石墨烯成功转移到其他衬底材料表面,是在其他衬底表面制作石墨烯器件的第一步。图 1-17 为传统湿法转移工艺流程示意图。图 1-18 为利用湿法将 CVD 石墨烯转移到 300 nm 氧化硅片表面的 50 倍光学显微图。

图 1- 17 湿法转移 CVD 石墨烯的流程示意图

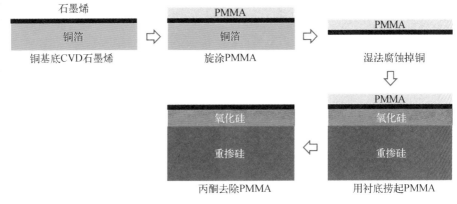

图 1- 18 湿法转移 CVD 石墨烯到氧化硅片表面

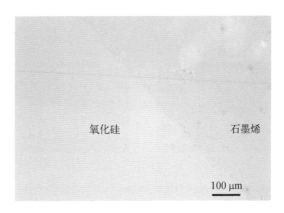

湿法转移的主要工艺参数如下。

涂胶:在铜箔表面匀一层聚甲基丙烯酸甲酯(Polymethyl Methacrylate, PMMA),转速为 4 000 r /min,转 20 s,然后用 70℃热板烘 30 min,蒸发掉 PMMA 中的溶剂形成薄膜,作为石墨烯支撑层。

腐蚀铜:将铜片浮于铜腐蚀液表面。

清洗石墨烯:待铜片被完全腐蚀后,将 PMMA 薄膜放到去离子水中清洗三次,每次 30 min,用干净的氧化硅片捞起 PMMA 薄膜。

去除 PMMA：用 70℃ 热板加热 30 min 后,浸泡在丙酮中去除 PMMA。

通过以上步骤可以将 CVD 石墨烯转移到氧化硅片表面。

1.5.2　石墨烯图形化

图 1-19 为石墨烯图形化工艺流程示意图。图 1-20 为在 300 nm 氧化硅片表面制备的 CVD 石墨烯图形。石墨烯图形化主要工艺参数如下。

涂胶：在石墨烯表面匀一层正性光刻胶 BP212,转速为 6 000 r/min,转 20 s,

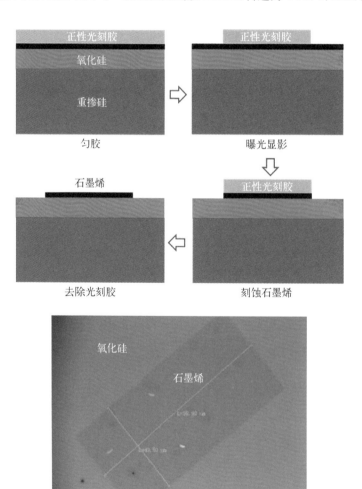

图 1-19　石墨烯图形化工艺流程图

图 1-20　图形化 CVD 石墨烯长方形

　　　　　　　　　　　　石墨烯微电子与光电子器件

然后利用热板前烘 5 min,温度为 90℃。

曝光显影:紫外曝光 80 s,光功率密度 1.6 mW /cm²,显影 20 s,显影液由 PD238 - II 和水按 5∶2 体积比混合配得。

刻蚀石墨烯:氧等离子体刻蚀石墨烯,功率为 50 W,刻蚀 1 min。

去胶:将芯片浸泡在丙酮中 30 min。

通过以上工艺步骤可以制备出所定义的石墨烯图形。

1.5.3 石墨烯电连接

在石墨烯表面制作金属电极,有利于石墨烯中电信号的提取。图 1 - 21 展示了其工艺流程示意图。图 1 - 22 为在石墨烯表面成功制备源漏电极的光学显微图。在石墨烯表面制作金属电极主要工艺参数如下。

涂胶:在图形化石墨烯表面匀一层负性光刻胶 AZ4340,转速 6 000 r /min,转 20 s,热板上前烘时间 2 min,前烘温度 110℃。

曝光显影:紫外曝光时间 47 s,光功率密度 1.6 mW /cm²,热板上后烘 2 min,后烘温度 100℃,显影 150 s,显影液由 PD238 - II 和水按体积比 5∶2 配制。

图 1 - 21 石墨烯表面电极制作流程示意图

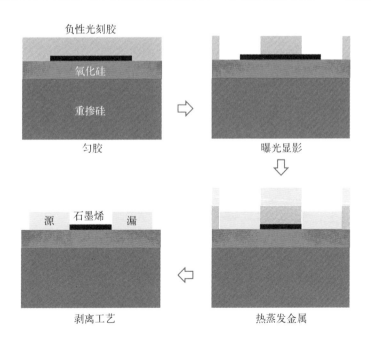

第 1 章 绪论

图 1- 22　用于石墨烯电连接的源漏电极

沉积金属：热蒸发 10 nm 钛 /200 nm 金到芯片表面。

剥离：将芯片浸泡在丙酮中 2 h，利用注射器轻轻冲洗芯片表面。

1.6　从石墨烯分立器件到石墨烯集成芯片

虽然石墨烯微电子器件（例如 GFET）和光电子器件（例如 GPD）的研究均取得了重要进展，但是目前仍然处于起步阶段，并且以研究分立的器件为主。

L. Huang 等提出将成熟的石墨烯器件集成到成熟的硅基 IC 芯片表面的全新概念，旨在最终实现性能分别超过分立石墨烯器件和硅基 IC 芯片的 3D 集成功能芯片。为了对这一新概念进行验证，他们将石墨烯霍尔磁传感器和硅基 IC 芯片 3D 集成，利用 IC 芯片放大其表面石墨烯霍尔器件产生的电信号，得到性能优良的磁场传感器，其研究内容如图 1 - 23 所示。

图 1- 23　石墨烯与硅 IC 芯片 3D 集成

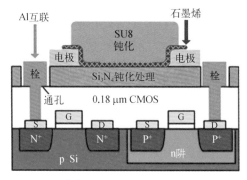

（a）3D 集成芯片截面示意图

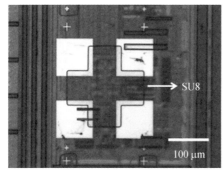

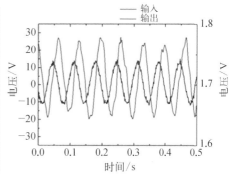

（b）3D 集成芯片表面光学显微图   （c）3D 集成芯片测试结果

　　然而,将快速发展的石墨烯微电子器件、光电子器件与硅基 IC 芯片 3D 集成实现单片光电集成芯片,还是一个未被充分探索的充满前景的领域,本书第 5 章将详细介绍这一领域的发展。

第 2 章

石墨烯电子器件

2004 年，英国曼彻斯特大学的 A. Geim 和 K. Novoselov 使用简单的用胶带机械剥离石墨的方法，成功分离出高质量单层石墨，即石墨烯，并同时发现石墨烯场效应晶体管（GFET）有着独特的电学性能。2008 年，IBM T. J. Watson Research Center 的科学家率先制成了采用 SiC 外延生长石墨烯方法制成的 GFET，并在沟道长度 150 nm 下测得 GFET 的截止频率超过 26 GHz，为 GFET 在射频电路的应用奠定了基础。2010 年，该团队采用自对准技术，制成了晶圆级 GFET，截止频率超过 100 GHz，该成果成为美国 DARPA"碳电子射频应用"项目的一个关键里程碑。2014 年，同样是 IBM T. J. Watson Research Center 的科学家，利用和传统硅基互补金属氧化物半导体（Complementary Metal Oxide Semiconductor，CMOS）兼容的 GFET 工艺，制成了多级石墨烯射频接收机，进行了调制的 IBM 字母的解调接收性能实验，研制出了迄今为止功能最全的石墨烯集成电路。2010 年，A. Geim 和 K. Novoselov 由于在石墨烯方面的开创性实验，使利用石墨烯生产新物质和新型电子产品成为可能，被授予诺贝尔物理学奖。

在石墨烯被发现后的这十二年里，石墨烯场效应器件新奇的物理特性，吸引了世界各国大量研究团队投入到这一研究领域，涌现出如混频器、倍频器、光探测器、光调制器、光电混频器以及射频接收机等器件和电路。同时由于石墨烯柔软和坚韧的特性，这些器件和电路也为柔性电子注入了活力。国际半导体技术发展路线图（ITRS）2016 更名为国际器件与系统路线图（International Roadmap for Devices and Systems，IRDS），而不再按照"摩尔定律"制定。这些事实提高了人们对于石墨烯场效应器件和石墨烯集成电路的期待。然而由于缺少带隙，要发挥石墨烯场效应器件新奇功能的优势，实现比现有器件和电路更优秀的功能，一方面需要优化制作工艺（打开带隙、减小接触电阻）；另一方面，从半导体器件和电路的发展看，新的材料对应新的功能、新的电路设计方法，因此有必要为石墨烯场效应器件"量身定做"有其自身特色的功能电路。

本章将介绍石墨烯、石墨烯场效应管和石墨烯场效应器件功能电路,探讨石墨烯场效应管电路建模方法和设计思路。

2.1　石墨烯场效应管概述

2.1.1　石墨烯的晶格结构

单层的石墨烯最早通过手撕胶带黏附石墨的表面获得石墨少层结构,再对折胶带黏附获得更少层结构的方法获得。这一发现证明了单层结构的石墨烯可以单独稳定存在。

通过对原子轨道函数等理论的推导和近似,可以得出石墨烯在第一布里渊区的能带结构。和金属的导带和价带重合,半导体、绝缘体导带价带有一定的间隙都不同,石墨烯的导带和价带间带隙为零,因此被称为半金属,石墨烯的特殊性也体现在此。石墨烯特殊的结构造就了其特殊的性能:载流子迁移率高,其本征载流子迁移超过 1.4×10^5 cm^2/(V·s),是硅的 70 倍以上;机械性能好,其杨氏模量约为 1 TPa [①],约为钢的 10 倍;光特性好,单层石墨烯吸收 2.3% 的透过光,且有选择吸收和饱和吸收的特点;导热性好,导热率约为 5×10^3 W/(m·K),是碳化硅的 10 倍;电流密度高,其可以承受高达 10^8 A/cm^2 的电流,有望替代金属,作为电路的互连结构。石墨烯的特点和应用见图 2-1。这些特点决定了石墨烯电子器件在射频及光电子领域的潜在优势。

2.1.2　石墨烯场效应管的特性

石墨烯场效应管(GFET)的发现与石墨烯在同一时期。图 2-2 显示的是最初的 GFET 结构。图 2-2(a)中的 A 是在 SiO$_2$ 表面,长度约 3 nm 的石墨烯光学照片;

---

① 1 TPa=10^{12} Pa。

图2-1 石墨烯的
特点和应用

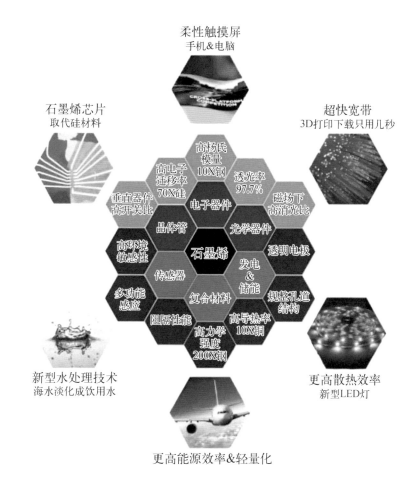

柔性触摸屏
手机&电脑

石墨烯芯片
取代硅材料

超快宽带
3D打印下载只用几秒

新型水处理技术
海水淡化成饮用水

更高散热效率
新型LED灯

更高能源效率&轻量化

图2-2 第一只石
墨烯场效应管
（GFET）的结构
和特性

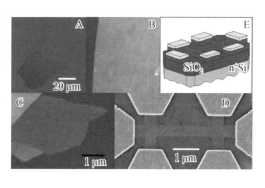

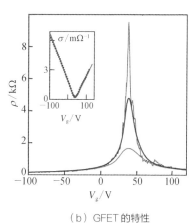

（a）GFET 的结构

（b）GFET 的特性

B 是该区域原子力显微镜(Atomic Force Microscope，AFM)图形；C 是单层石墨烯边缘更为精细的 AFM 图像；D 和 E 是将表面的石墨烯上做上金属接触，用 SiO_2 作为栅氧化层，Si 衬底作为栅电极的第一只 GFET。图 2－2(b)是对该 GFET 栅极加栅压 V_g，测试源漏之间的电阻率和电导率，可以看出 GFET 的电导率呈现出明显的 U 型(或称为 V 型)特性。因此，GFET 实际上可以看作是栅压控制的可变电阻。

2.2 石墨烯场效应管制备方法

2.2.1 适用于石墨烯电子器件的石墨烯材料制备方法

石墨烯的制备方法主要有机械剥离法、化学溶液剥离法、化学气相沉积法、SiC 外延生长法，石墨烯的制备方法及其性价比见图 2－3。在这些方法中，比较适用于石墨烯电子器件的制备方法主要是化学气相沉积法和 SiC 外延生长法。

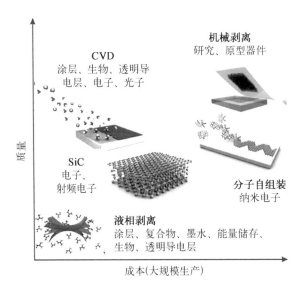

图 2－3 石墨烯的制备方法及其性价比

机械剥离法是许多基础研究的首选，对于探索新的物理现象和器件结构具有重要意义。尽管采用机械剥离石墨的方法需要的设备简单，获得石墨烯的质

　　　　　　　　　　　　　　　　石墨烯微电子与光电子器件

量也较高,但是操作烦琐,得到石墨烯晶体材料的面积也很小,无法稳定控制,不满足规模化生产的要求,因此需要探索其他生产石墨烯的方法。

化学溶液剥离法和机械剥离法有些类似。把石墨放在有机溶剂或水溶液中,借助超声波的作用分解石墨,得到石墨烯(悬浮)溶液,即化学溶液剥离法。氧化还原工艺也是化学溶液剥离方法中常用的一种工艺,流程是先把石墨氧化,通过含氧官能团降低石墨层与层之间的范德瓦尔斯力,然后通过超声剥离石墨,得到氧化石墨烯悬浮液,最后将氧化石墨烯还原,得到石墨烯悬浮液。化学溶液剥离法得到的石墨烯常常掺入大量化学杂质,因此一般用来制作石墨烯复合材料。

化学气相沉积法(CVD)生长石墨烯,是一种可以控制石墨烯产量的工业生产方法。一般来说,将衬底材料,例如铜、镍、铂等材料放入 CVD 炉中,向炉中通入高温可分解的烃气体,例如甲烷、乙烯等,控制好温度和压强,通过高温退火,使原子沉积在衬底材料表面形成石墨烯。在使用时,将石墨烯和金属衬底分离,再转移到 Si 或者 SiO_2 上,可用于制作各种石墨烯器件。

在铜箔上 CVD 生长石墨烯已经实现了平方米级的产量,用转移石墨烯的方法,也制备了和 CMOS 工艺兼容的石墨烯场效应电、光电器件。采用 CVD 方法获得的大面积石墨烯已经较为成熟,生长出的单层石墨烯具有较好的连续性,因而也是目前最常用的石墨烯制备方法之一。目前 CVD 生长石墨烯的研究热点在于,如何有选择地控制生长出高质量、层数可控的少层石墨烯。CVD 生长出的大面积石墨烯可用于制作显示产品的石墨烯触屏。

SiC 外延生长石墨烯是通过对真空中的 SiC 进行加热至 1 000℃ 以上,升华表面 Si 原子,形成石墨烯薄膜。这种方法得到的石墨烯薄膜,直接附着在半导体衬底 SiC 表面,使用时免去了转移工艺带来的污染,因此质量仅次于机械剥离的石墨烯,可以用于高截止频率的 GFET,并且生长出的石墨烯均一性好,具有标准方块电阻特性。该方法的缺点是目前 SiC 晶圆较贵,而且制作过程中需要较为精确的控制真空和高温,制作成本较高。

除了上述几种方法,目前也有一些其他的方法制备石墨烯。例如,采用分子单体表面辅助聚合方法制作 T 型或者 Y 型连接的石墨烯纳米带。这种方法能得到纯度非常高的石墨烯,但是产量非常低,成本很高,目前还在研究探索阶段。

2.2.2 石墨烯场效应晶体管电子器件制备方法

总的来说,石墨烯场效应管分为背栅和顶栅两种,其结构在第 1 章图 1-5 中已经给出。背栅结构的 GFET 一般采用重掺的 Si 作为背栅电极,在 Si 上生长的 SiO_2 作为栅氧化层,在其上转移一层石墨烯作为沟道,在石墨烯沟道上做上金属源漏,形成背栅 GFET。背栅 GFET 制作简单,栅与源漏之间一般有较大的寄生电容,而且栅氧化层一般难以做到很薄,因此 GFET 性能不高。

顶栅结构 GFET 最早是在 SiC 外延生长的石墨烯上制成的,其流程一般是在 SiC 表面的石墨烯上先制作源漏电极,然后用源漏电极作为对准的掩膜,在其间制作栅氧化层,最后再制作顶栅电极。

双栅结构的 GFET 是顶栅结构和背栅结构的结合。可以认为是在背栅 GFET 的基础上,再继续制作一个顶栅。在后文中将看到,双栅 GFET 有"全局"的背栅和局部的"顶栅",其电学特性更加灵活,是制作 GFET 功能电路的首选器件。

为了制作出性能良好的 GFET,目前已证明比较优秀的工艺方法主要有自对准工艺和 T 型栅工艺。目前,将这两种方法结合的 T 栅自对准工艺 GFET,f_T 和 f_{max} 已分别达到或超过 400 GHz 和 100 GHz。

自对准工艺制作 GFET 的主要工艺流程如图 2-4(a)所示。(1) 在300 nm厚的 SiO_2 的 Si 片上转移机械剥离的石墨烯,然后在石墨烯上制作25 nm厚的栅绝缘层,因为 Al_2O_3 和石墨烯的黏附力较好,所以被选为栅绝缘层。在其上制作0.5 nm的金属 Ti、20 nm 的金属 Pd 和 40 nm 的 Au,然后以这个金属电极作为掩膜,采用磷酸溶液刻蚀掉不需要的栅氧化层部分。当栅氧化层被刻蚀掉后,用异丙醇和水对石墨烯表面进行清洁,再在保护气体中经过 425 K 退火5 min。(2) 在栅氧化层和栅金属电极附近,使用原子层沉积(Atomic Layer Deposition,ALD)10 nm 的 Al_2O_3,其目的是避免栅电极和之后步骤中制作的源漏电极接触。(3) 采用与栅电极类似的工艺制作源漏电极。(4) 采用 O_2 等离子体刻蚀掉不需要的石墨烯,形成 GFET。

自对准工艺通过 ALD 氧化层隔离栅和源漏,从而减小了栅和源漏之间的"缝隙",增大了栅电极下沟道的面积,提升了 GFET 的有效沟道长度,增强了

图 2-4 自对准
GFET 加工工艺流
程和电流-电压特
性曲线

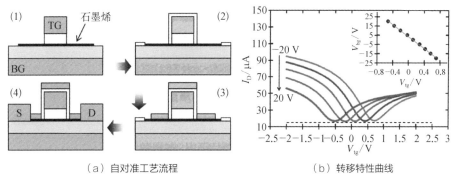

（a）自对准工艺流程　　　　　　　（b）转移特性曲线

GFET 的性能。图 2-4(b) 显示了在源漏电压为 100 mV 的情况下,转移曲线呈现出良好的 U 型特性,并且该工艺和 CMOS 后工艺兼容,通过重掺杂的衬底做背栅,可以调控 U 型曲线随顶栅电压左右平移。

　　T 形栅工艺在保证栅覆盖沟道的能力基础上,减小了栅和源漏之间寄生的电容,从而大大提高 GFET 器件的频率特性,其工艺流程和表面形貌如图 2-5 所示。

图 2-5 T 形栅
GFET 工艺流程和
表面形貌

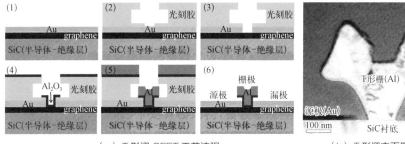

（a）T 形栅 GFET 工艺流程　　　　　　（b）T 形栅表面形貌

　　T 形栅 GFET 工艺制作步骤如下。(1) 在 SiC 表面外延生长的石墨烯表面,用电子束蒸发的方法沉积 20 nm 的 Au;(2) 制作三层光刻胶;(3) 采用湿法刻蚀,去除未掩膜区域的金属,漏出石墨烯沟道;(4) 在器件表面用 ALD 方法,沉积 2 nm 的金属 Al,在空气中暴露 10 min 后,Al 氧化成为 Al_2O_3;(5) 在器件表面沉积 180 nm 金属形成栅电极;(6) 去除光刻胶形成 T 形栅 GFET,最初的 20 nm 厚 Au 即源漏电极。T 形栅 GFET 的 TEM 的形貌如图 2-5(b) 所示。

　　T 形栅工艺的沟道长度可以很小,同时解决了栅与源漏之间寄生电容的问题,实现了 GFET 良好的频率特性。

2.3 石墨烯射频微电子器件

石墨烯有着超高的载流子迁移率,因此 GFET 在射频集成芯片(Radio Frequency Integrated Chip,RFIC)中的应用是研究的热点之一。

2.3.1 GFET 倍频器

2009 年,麻省理工学院(Massachusetts Institute of Technology)的研究团队率先制作了 GFET 二倍频器,之后北京大学的团队对器件进行了优化。该二倍频器的原理是利用 GFET 在狄拉克点两侧 U 型转移特性,调制 GFET 的静态工作点在狄拉克点附近,并在栅极加上交流信号后,在源漏可观察到 2 倍于栅极信号频率的信号,其基本结构和工作原理如图 2-6 所示。笔者在 GFET 倍频器领域开展了比较具有特色的工作,将在 2.10 节详细介绍。

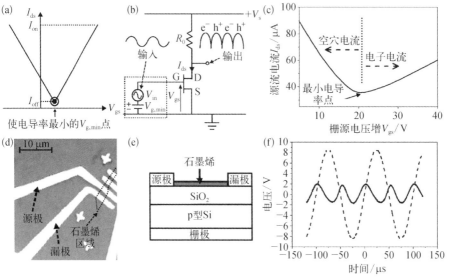

图 2-6 GFET 倍频器

(a)当 GFET 偏置在狄拉克点时,源漏呈现出 U 型(也称为 V 型)电流曲线;(b)GFET 倍频器工作原理;(c)GFET 转移特性测试曲线;(d)芯片结构照片;(e)芯片结构示意图;(f)在约 10 kHz 实现 2 倍频

　　　　　　　　　　　　　　　　　　　　　　　　石墨烯微电子与光电子器件

2.3.2 GFET 混频器

同样是 IBM 公司研究团队,利用相同的器件结构,制成了首款 GFET 混频器。该混频器同样利用 GFET 在狄拉克点两侧的双极特性呈现出 U 型转移曲线特性。其电流可以近似写为:$I_D = a_0 + a_2 (V_{gs} - V_{g,\,min})^2 + a_4 (V_{gs} - V_{g,\,min})^4$,其中,$V_{g,\,min}$ 是将 GFET 偏置在狄拉克点的栅极电压。此时在栅极加上两个 10 MHz 和 10.5 MHz 的交流小信号,则源漏输出端可以看到交流小信号频率相加减的结构,即实现了混频的特性,如图 2-7 所示。

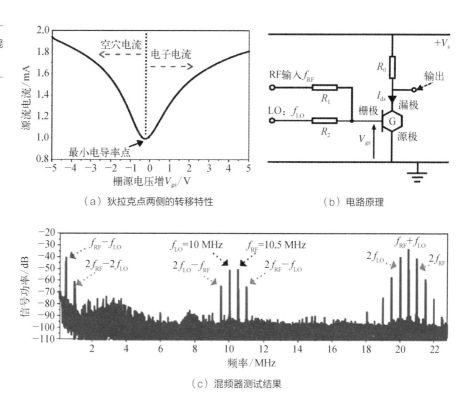

图 2-7 GFET 混频器

(a)狄拉克点两侧的转移特性 (b)电路原理

(c)混频器测试结果

采用 GFET 的 U 型转移曲线制成的混频器,虽然结构简单,但是由于实际上 GFET 的狄拉克点会随源漏电压的变化而移动,因此性能较差。2013

年,HRL 实验室的研究团队,利用 GFET 的可变电阻特性,制成了电阻式混频器,该混频器在 2 GHz 频率附近实现了 50 dBc 以上的三阶交调抑制和 27 dBm 以上的 IIP3,并且不需要直流偏置。电路结构和原理如图 2 - 8 所示。

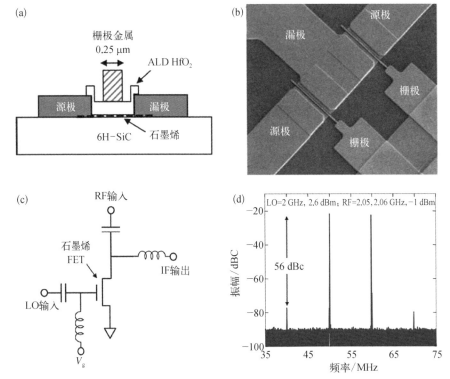

图 2 - 8　电阻式零偏压 GFET 混频器

（a）器件结构示意图;（b）叉指型 GFET 结构显微镜照片;（c）混频电路工作原理;（d）LO = 2 GHz, RF1 = 2.05 GHz, RF2 = 2.06 GHz 双音信号测试

2.3.3　GFET 鉴相器

尽管利用 GFET 狄拉克点附近双极特性制成的混频器效果并不理想,但是如果图 2 - 7(a)中栅极加入的两个交流信号为频率相同但是相位不同的一个正弦和一个方波,即 $u_1 = U_1 \sin(\omega_1 t + \theta_1)$;$u_2 = U_2 \mathrm{rect}(\omega_2 t + \theta_2)$,那么在输出端,应

有 $u_{\text{out}} = U_1 U_2 \dfrac{2}{\pi} \sin(\theta_1 - \theta_1) \approx K(\theta_1 - \theta_1)$。Rice University 的研究团队测试了这一功能：尽管实际测试的 K 值比输入信号小很多，但是仍实现了鉴相器的功能。同时，该团队对 GFET 器件偏置在狄拉克点两侧的情况进行了总结，归纳出 GFET 源漏电流对栅小信号电压的三种响应状态。（1）g_{m} 小于零，电压正向传输：当 GFET 偏置在 p 型区，即栅压小于狄拉克点电压时，源漏电流随栅压增大而减小，漏极负载上的电压随栅压的增大而增大。（2）g_{m} 大于零，电压反向传输：当 GFET 偏置在 n 型区，即栅压大于狄拉克点电压时，源漏电流随栅压增大而增大，漏极负载上的电压随栅压的增大而减小。（3）双极切换：GFET 偏置在狄拉克点上，则可实现诸如混频、谐波混频、鉴相等功能。混频和鉴相原理见图 2 - 9。

图 2 - 9 GFET 双极型鉴相器

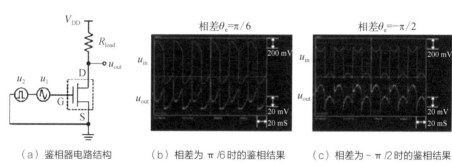

（a）鉴相器电路结构　　（b）相差为 π /6 时的鉴相结果　　（c）相差为 - π /2 时的鉴相结果

2.3.4　石墨烯二极管

由于石墨烯的零带隙半金属特性，很难采用单纯的石墨烯构成平面结构的二极管。但同时，石墨烯又是一种单层 /少层的材料，鉴于此，用平面工艺即可让石墨烯构建体型二极管。例如，采用金属电极-氧化钛-石墨烯构建金属-绝缘层-石墨烯二极管，其基本的工作原理是通过两极的电压，控制绝缘层与石墨烯、绝缘层与金属的势垒高度，实现大开关电流比、开启截止非线性、达到高工作频率。其原理和特性如图 2 - 10 所示。

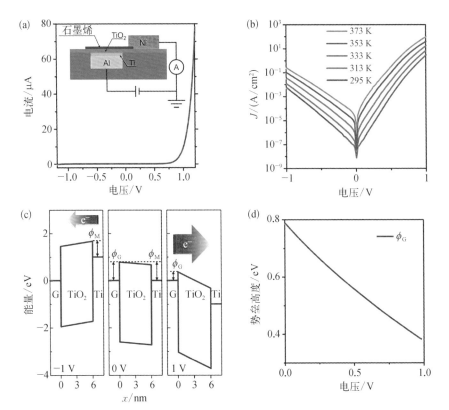

图 2-10 金属-绝缘层-石墨烯二极管的原理和直流特性

（a）I/V 特性和结构示意图；（b）电流密度-偏压曲线；（c）不同偏压下二极管的能带结构图；（d）仿真得到的不同偏压下石墨烯-金属势垒高度

2.4 石墨烯与六方氮化硼

2.4.1 六方氮化硼（hBN）

之前介绍的大部分 GFET 都是以 SiO_2 或者 SiC 为衬底的，而且第一只 GFET 也是制作在 Si-SiO_2 衬底上。但是实际上，SiO_2 或者 SiC 并不是石墨烯的良好衬底材料，这体现在：SiO_2 的表面很粗糙，并且生长出的 SiO_2 通常有很多缺陷，这会对石墨烯沟道中的载流子形成捕获和散射，降低载流子迁移率；与石墨烯相比，SiC 表面也不平整，因此同样会降低石墨烯的载流子迁移率。为了解决这些问题，有学者建议应将石墨烯悬浮，同时，有研究表明，将少层的二维材料六方氮化硼（hBN）作为石墨烯的衬底材料,可以取得良好的效果,如图 2 - 11 所示。

图 2 - 11　GFET
和 hBN 结合

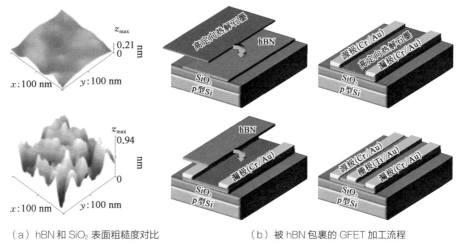

（a）hBN 和 SiO₂ 表面粗糙度对比　　　　　（b）被 hBN 包裹的 GFET 加工流程

2.4.2　六方氮化硼包裹的石墨烯电子器件

单层 hBN 是一种绝缘的二维材料,并且可以与石墨烯晶格结构良好地匹配。被 hBN 包裹的 GFET 器件,载流子迁移率高达 $100\,000\ \text{cm}^2/(\text{V} \cdot \text{s})$,如图 2 - 12 所示。另外,层状少层 hBN 的击穿电场强度实测值达到 $7.94\ \text{mV}/\text{cm}$。因此在石墨烯场效应隧穿晶体管(Graphene Tunneling Field Effect Transistor,GTFET)结构中,石墨烯与 hBN 结合,格外引人注目。GTFET 的微分负阻特性,不仅可以用来开发高增益放大器,更是制作振荡器的关键。利用石墨烯-六方氮化硼-石墨烯(G - hBN - G)场效应结构的隧穿电子器件将在后文中详细介绍。

2.5　GFET 和柔性电子

尽管研究表明石墨烯场效应器件有着多种多样的新奇功能,然而由于缺少带隙造成的低放大倍数和低开关电流比,目前来说,其性能仍和传统半导体材料

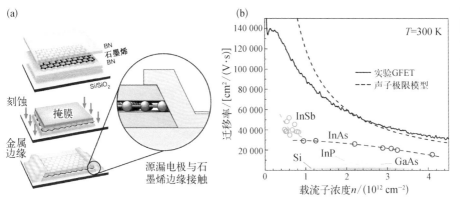

图 2 - 12 被 hBN
包裹的 GFET 器件

差距很大。不过由于石墨烯柔软和坚韧的特性,GFET 在柔性电子中有着独特
的优势。柔性电子很可能成为未来碳基集成电路的重要应用。

2010 年,Sungkyunkwan University 和 Samsung 合作,实现了晶圆级 CVD 石
墨烯转移至柔性基底并实现晶圆级图形化,使工业化生产柔性 GFET 电子产品
成为可能,如图 2 - 13(a)所示。

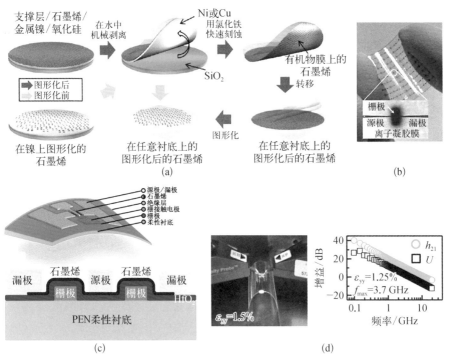

图 2 - 13 柔性
GFET

(a)晶圆级转移石墨烯和图形化;(b)制作在柔性衬底上的 GFET;(c)(d)采用自对准工艺在
PEN 基底上制作的 GFET

2013 年,哥伦比亚大学(Columbia University)的研究团队在 PEN 柔性基底上采用自对准工艺,实现了柔性 GFET f_T 超过 10 GHz 和 f_{max} 超过 3 GHz,这是柔性 GFET 性能 10 GHz 的突破,如图 2 - 13(c)、图 2 - 13(d)所示。2015 年,该团队在柔性基底上制成了被 hBN 包裹的柔性 GFET,当 GFET 沟道长度为 2 μm 时,呈现出 10 000 cm^2/(V·s)的载流子迁移率(室温)、极强的电流饱和特性(峰值输出电阻 R_0 = 2 000 Ω),以及高的机械灵活性(应变极限为 1%)。该器件采用自对准结构将石墨烯沟道完全封装在 hBN 中,固有的 f_T 和 f_{max} 分别为 29.7 GHz 和 15.7 GHz。该器件预示着柔性 GFET 性能已基本达到射频柔性电子的应用需求,如图 2 - 14 所示。

图 2 - 14 制作在柔性基底上被 hBN 包裹的 GFET

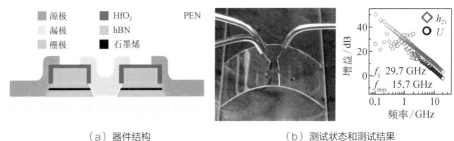

(a)器件结构　　　　　　　　　　(b)测试状态和测试结果

2.6　石墨烯传感器

2.6.1　石墨烯气体传感器

石墨烯巨大的比表面积和超高的电子迁移率,使得它成为气体传感器的敏感材料。石墨烯做传感器还有高灵敏度、常温检测小功耗等特点。2007 年,曼彻斯特大学的 K. Novoselov 教授所在的小组利用机械剥离的石墨烯制备出了一个可以检测单气体分子的气体传感器,其结构如图 2 - 15(a)所示。该传感器最小可以检测到 1 ppb[①]浓度的 NO$_2$,达到了工业、环境和军事监测最高的灵敏度水平。同时,他们还测试了在其他气体环境下的响应,如 NH$_3$、CO 和 H$_2$O,如图2 - 15(b)所示。实验结

[①]　1 ppb = 10^{-9}。

果表明,在NH_3环境下,石墨烯的电阻率ρ增大,而在NO_2、CO和H_2O环境下,电阻率ρ减小。说明了不同气体在与石墨烯作用时,其中电子作用是不相同的,NH_3与石墨烯作用时作为电子供体,而NO_2、CO和H_2O与石墨烯作用时则作为电子受体。

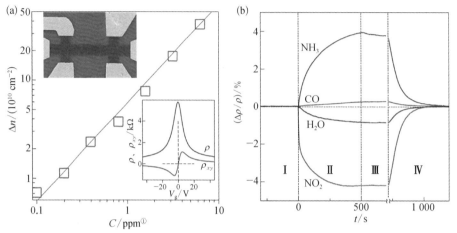

图2-15 石墨烯气体传感器

(a)单层石墨烯在不同浓度NO_2气体下电子迁移率的变化(插图为传感器的结构);(b)单层石墨烯在1 ppm不同气体下电阻率的变化

目前,大多数石墨烯基气体传感器都是利用石墨烯大表体比的吸附作用制成。不论是金属-石墨烯-金属结构,还是FET结构,基本原理多类似,都是吸附分子后石墨烯载流子受到吸附分子影响,I/V特性改变。目前研究的热点集中在提升传感器的特异敏感性,主要手段是采用化学官能团对石墨烯进行修饰,例如纳米金属颗粒、聚合物以及氧化物等。

2.6.2 石墨烯压力传感器

氧化石墨烯(Graphene Oxide,GO)粉末具有优异的弹性和高相对介电常数,可以用作柔性压力传感器的核心材料。东南大学的L.T. Sun等采用基于GO的电容式压力传感器,并采用石墨烯为电极,制备了可检测到微小压力的高灵敏

---

① 1 ppm＝10^{-6}。

　　　　　　　　　　　　　　　　　　　　石墨烯微电子与光电子器件

度柔性压力传感器,其制作流程和承压释放如图 2 - 16 所示。

图 2 - 16 GO 电
压型压力传感器制
作流程和承压释放
示意图

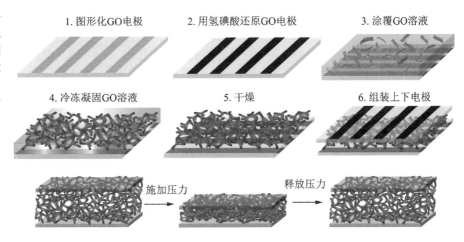

1. 图形化GO电极 2. 用氢碘酸还原GO电极 3. 涂覆GO溶液

4. 冷冻凝固GO溶液 5. 干燥 6. 组装上下电极

施加压力 释放压力

图 2 - 16 GO 电压型压力传感器制作流程和承压释放示意图

由于 GO 层优异的性质,这种压力传感器相比于 PDMS 和聚烯烃共聚物等
材料灵敏度有数量级的提升,可用于微小压力的检测。此外,由于 GO 层对于湿
度也较敏感,因此可实现同一柔性器件集成多触觉物理量测量单元,且工艺
兼容。

2.7　石墨烯场效应管的电流-电压特性和模型

自 2004 年石墨烯和 GFET 的研究被同时发表以来,GFET 的电学特性引起了
人们的极大兴趣。2008 年,Meric 等对 GFET 的电流电压特性进行了详尽的研究
和实验验证,全面揭示了 GFET 的 U 型转移特性、弱饱和特性和 Kink 区特性,这
三种特性是 GFET 的基本电学特性。本节从揭示这三个独特 I/V 特性的基本实
验出发,重点讲述 GFET 大信号电学模型的建立过程,即 Thiele 的物理模型、
Fregonese 简化和 Rodriguez 近似。这一过程也显示了从现象到定律,再到工程近似
这一科学到技术的演化规律。由于 GFET 的模型关系到 GFET 电路的构建和仿真,
同时 GFET 模型的建立过程对其他二维材料电子器件的建模也有指导意义,请感兴
趣的读者耐心地跟随实验和理论,走完 GFET 建模这一从"科学"到"技术"的路程。

2.7.1 U型转移特性

在 GFET 中,沟道中的载流子在栅压和源漏电压的作用下,可以在 n 型和 p 型之间相互转化,n 和 p 交界的位置即载流子密度最小的点(Dirac point)。实际上由于缺少带隙,GFET 更像是电场控制的可变电阻。

在石墨烯和 GFET 发现后不久,Meric 等设计实验,给出了 GFET 典型的 I/V 特性。实验中采用的 GFET 制作流程如下。

首先在 300 nm 厚的 SiO_2 硅片上采用机械剥离的方法获得石墨烯,通过光学方法找到大致位置,再用拉曼方法确认。之后,选取宽度为 1 μm 到 5 μm 的条状石墨烯作为制作器件的沟道。GFET 的源漏电极材料为 Cr/Au,采用标准的电子束曝光和剥离工艺制作。栅氧化层采用低温原子层沉积(Low-Temperature ALD)工艺,制作 15 nm 二氧化铪(HfO_2)的栅氧化层。顶栅电极同样采用与源漏电极相同的工艺制作。器件的结构如图 2-17 所示。

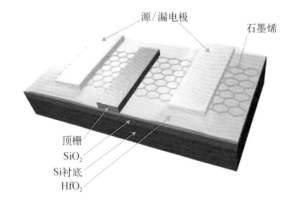

源/漏电极　　石墨烯

顶栅
SiO_2
Si衬底
HfO_2

2 μm

图 2-17 GFET 的结构示意图和芯片照片

GFET 制作在 SiO_2 硅片上,硅可以作为背电极加电,形成 GFET 的全局(global)背栅,同时,由于顶栅的栅氧化层更薄,所以顶栅电压可以更方便地对 GFET 状态进行调控。在源漏电压 $V_{ds} \approx 0$,也即源漏电压值远小于栅压($|V_{ds}| \ll |V_g|$)的情况下,当固定 V_d 和 V_s,分别扫描顶栅电压 V_{tg} 和背栅电压 V_{bg},GFET 的跨导(g_m)变化规律如图 2-18 所示。从图中可知,当固定背

　　　　　　　　　　　　　　　　石墨烯微电子与光电子器件

栅电压和源漏电压,顶栅电压从 - 3 V 变化到 3 V 时,源漏之间的电流从大到小,再增大,g_m 呈 U 型。类似地,当固定顶栅电压和源漏电压时,背栅电压从 - 60 V 到 60 V 变化,源漏之间的电流同样由大到小,再增大,g_m 呈 U 型。这个实验也说明,顶栅和背栅作用于 GFET 的源漏电流(I_{ds})具有等效性。

图 2 - 18 GFET 的跨导随顶栅和背栅变化曲线(U 型转移曲线)特性

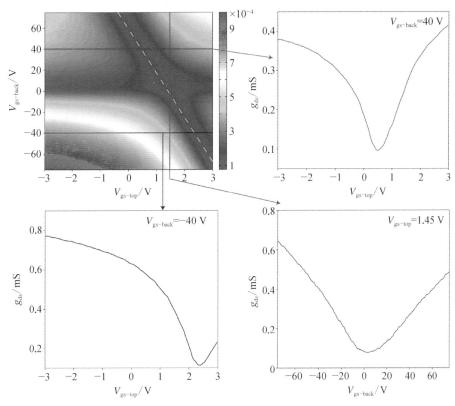

2.7.2 弱饱和特性

当栅电压一定,源漏电压从小到大变化时,源漏电流也随之增大,曲线如图 2 - 19 所示。图 2 - 19(a)中,当背栅电压为 40 V,顶栅电压分别为 - 0.3 V、- 0.8 V、- 1.3 V、- 1.8 V、- 2.3 V、- 2.8 V,依次对应从下到上的电流曲线;

在图 2-19(b)中,当背栅电压为 -40 V,顶栅电压分别为 -0.3 V 到 -2.8 V,依次对应从下到上的电流曲线。从图中可以看到,与传统的双极结型晶体管(Bipolar Junction Transistor,BJT)或 CMOS 器件不同,GFET 的源漏电流随源漏电压的上升而上升,只有当源漏电流达到一定程度时,才呈现出"弱"的饱和特性,而随着源漏电压的进一步上升,这种弱饱和也随后消失。这种特性,在碳纳米管电子器件中也有相似的体现,其主要原因是石墨烯缺少带隙,电场不能对沟道的载流子形成夹断,因此源漏电压不存在强烈的饱和特性。

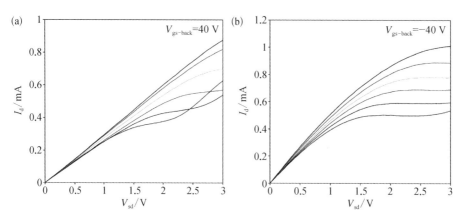

图 2-19 GFET
的弱饱和特性

2.7.3 Kink 区特性

如果仔细考察弱饱和特性,例如图 2-20(a)中顶栅电压为 -0.3 V 的 I_{ds}/V_{ds} 曲线,就会发现,随着 V_{ds} 的增加,电流达到弱饱和后,当 V_{ds} 继续上升,I_{ds} 也随之快速增加了。这种形式称为 GFET 电流电压的 Kink 区。如图 2-20(a)中红色箭头所指。

Kink 区的形成机制可用图 2-21 来说明,GFET 的 I_{ds}/V_{ds} 曲线可以分为三段:Ⅰ线性区、Ⅱ弱饱和区即 Kink 区、Ⅲ线性区。Kink 区的形成机制是源漏电压的上升使沟道从单一载流子向双极型载流子转化。V_{ds} 值较小时,沟道中载流子特性由栅电压决定,初始时,为单一 p 型载流子。当 V_{ds} 值上升,I_{ds} 也上升;当

　　　　　　　　　　　　　　　　　　　　　　石墨烯微电子与光电子器件

图 2 - 20 GFET
的 Kink 区

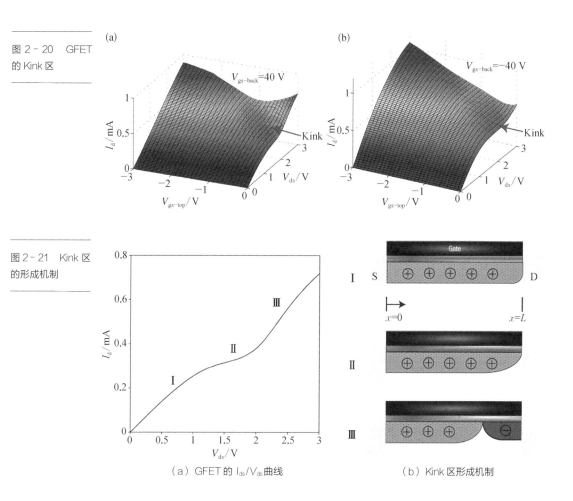

图 2 - 21 Kink 区
的形成机制

（a）GFET 的 I_{ds}/V_{ds} 曲线　　　　　　（b）Kink 区形成机制

V_{ds} 值到达一定程度,栅电压不足以维持沟道中单一载流子时,在沟道中靠近漏极处,开始出现载流子浓度减小的现象。随着漏极电压进一步上升,沟道中出现载流子浓度最小点。由于石墨烯没有带隙,当漏极电压继续上升时,沟道并不会像传统 Si CMOS FET 器件一样出现夹断,而是出现 n 型载流子。这时,由于上升的 V_{ds} 用于形成双极型的沟道,所以 I_{ds} 随 V_{ds} 上升缓慢。V_{ds} 继续上升,当沟道中 n 型载流子占优势时,I_{ds} 便继续随 V_{ds} 上升了。

简要地说,GFET 的 Kink 区特性是由于 V_{ds} 和 V_g 相对大小的改变,造成沟道由单极向双极转化形成的。需要指出的是,在形成 Kink 区的同时,GFET 也会表现出一定的饱和特性,不过,这种饱和特性和沟道为单一载流子时的饱和特性形成机制不同。本章将在之后的篇幅讨论沟道为单一载流子时的弱饱和特性。

值得一提的是,在 Kink 区,I_{ds} 随 V_{ds} 的上升而变化缓慢,因此如果定义 $g_{ds} = \Delta I_{ds} / \Delta V_{ds}$,那么在图 2 - 21(a)中,Ⅱ区的 g_{ds} 小于Ⅰ区和Ⅲ区的 g_{ds}。如果采用特殊的器件结构,Ⅱ区的 g_{ds} 甚至可能小于 0,也即出现微分负导纳现象,如图2 - 22 所示。

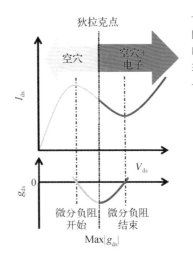

图 2 - 22 由于 Kink 区形成的负阻现象

2.7.4 GFET 的物理模型(Thiele 模型)

在 Meric 的实验基础上,Thiele 等采用载流子迁移方程,结合 GFET 沟道在电场下的态密度以及量子电容理论,推导得出了 GFET 的 I/V 特性物理模型,该模型和 Meric 的实验结果吻合得很好,揭示了 GFET 的 I/V 特性规律。Thiele 的物理模型是建立 GFET 电路模型的出发点,本节将详细介绍该模型建立过程和思路。

1. 载流子迁移方程

如图 2 - 23 所示的 GFET 构建在 SiO₂ 硅片上,硅为重掺杂,这样体硅可作为背栅电极,SiO₂ 为背栅氧化层。如果背栅加固定的电压,那么 GFET 沟道掺杂情况可以由背栅电压和源漏电压的关系来控制。图中 L 为 GFET 的有效沟道长度,假定源极接地,那么选取源极电势为参考电势。

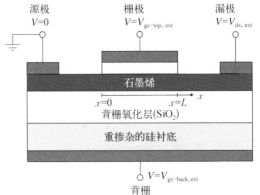

图 2 - 23 GFET 的截面图

根据载流子迁移方程,漏极电流 I_d 可以表示为

$$I_d = -q\rho_{sh}(x)v(x)W = -q \cdot \rho_{sh}[V(x)] \cdot v[V(x)] \cdot W \qquad (2-1)$$

石墨烯微电子与光电子器件

式中,q是电荷电量;ρ_{sh}是沟道中x处的载流子面密度;$v(x)$是载流子迁移率;W是栅宽;在x处,沟道中的电势为$V_{(x)}$。因此,ρ_{sh}和v均可写为沟道x处电势$V(x)$的函数,如式(2-1)所示。

2. 态密度和量子电容

由于石墨烯为半金属单层材料,因此GFET的沟道不同于传统MOSFET沟道,有其自身特性,在使用载流子迁移方程计算沟道载流子面密度时,必须考虑石墨烯层的量子电容。

传统MOSFET栅电容采用"每单位面积电容"来定义。对于有限态密度的GFET来说,其栅电容C_g,不能只计算由栅金属-栅氧化物-沟道形成的电容C_{ox},而是必须考虑在栅上加电后,石墨烯层形成量子电容C_q。用公式表示,即

$$C_g \neq C_{ox} = \frac{\varepsilon_{ox}}{t_{ox}} \qquad (2-2)$$

式中,ε_{ox}和t_{ox}分别为栅氧化层的介电常数和厚度。

量子电容最早在研究AlGaAs/GaAs二维电子气系统时提出,量子电容反映了电子填充体系有限量子态的过程。在对体系充电时,体系会积累电荷,受泡利不相容原理限制,载流子从电极板的低能态逐渐向高能态填充时,会形成费米能级的移动。该过程相对于外电路而言,可以等效一个电容。然而,对于常规体系,如宏观半导体材料或者金属材料,其量子态密度足够大,电荷的积累不会使费米能级发生明显的移动,其对应的量子电容为无限大,因此分析金属氧化物半导体(Metal Oxide Semiconductor,MOS)器件时可忽略。相反,对于二维电子气,需要显著的费米能级移动才能形成一定数量的载流子,因此要形成和常规材料MOS器件相同的载流子密度,就需要更大的栅压。这被称为量子电容限制。从上面的分析可以得知,GFET中的量子电容可以解释为,栅压一部分作用于石墨烯本身,使其形成一定数量的载流子。因此,GFET中的量子电容可以视为和栅氧化层电容的串联形式。如果以V_{ch}表示为沟道x处石墨烯上的量子电容的电压降,Q_{sh}为沟道x处载流子面密度,并考虑到更正的栅压造成沟道中更多的电子,则

$$C_q = -\frac{\mathrm{d}Q_{sh}}{\mathrm{d}V_{ch}} \qquad (2-3)$$

$$V_{ch} = \frac{E_F}{q} \qquad (2-4)$$

式中,E_F 为石墨烯沟道的费米能级。

根据对载流子面密度的分析,式(2-3)可以表示为

$$C_q = \frac{2q^2 k_B T}{\pi (\hbar v_F)^2} \ln \left[2 \left(1 + \cos h \frac{q V_{ch}}{k_B T} \right) \right] \qquad (2-5)$$

当沟道中 $q V_{ch} \gg k_B T$ 时,有

$$C_q = \frac{2q^2}{\pi} \frac{q \mid V_{ch} \mid}{(\hbar v_F)^2} \qquad (2-6)$$

将式(2-3)和式(2-6)结合,得到下面非常有用的式子

$$Q_{sh} = -\int C_q \mathrm{d}V_{ch} = -\frac{1}{2} C_q V_{ch} \qquad (2-7)$$

$$q\rho_{sh} = Q_{sh} = \left| -\frac{1}{2} C_q V_{ch} \right| \qquad (2-8)$$

式(2-7)表现出很有趣的现象。因为 Q_{sh} 是量子电容 C_q 上的电荷,V_{ch} 是量子电容上的压降,按照通常对平板电容的理解,电容极板上的电荷,应当等于电容与电容上压降的乘积,即:$Q_{sh} = C_q V_{ch}$,但是式(2-7)却多出了 $-1/2$ 的系数。这是主要是因为量子电容的大小依赖于 Q_{sh} 和 V_{ch},这种依赖关系由式(2-6)给出。

再把量子电容这种特性应用到带有顶栅和背栅的 GFET 上,如图 2-24 所示。$V_{gs\text{-}top}$ 和 $V_{gs\text{-}back}$ 分别为顶栅电压和背栅电压,$C_{ox\text{-}top}$ 和 $C_{ox\text{-}back}$ 分别为顶栅氧化层电容和背栅氧化层电容,$V(x)$ 是石墨

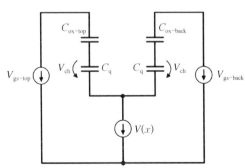

图 2-24　GFET 沟道内部 x 处等效电路

　石墨烯微电子与光电子器件

烯沟道的电势。当 $x=0$ 时，$V(x)=V_{souce}$，当 $x=L$ 时，$V(x)=V_{drain}$。

采用基尔霍夫定律分析图 2-24 所示的等效电路，可以得到

$$V_{ch}=[V_{gs\text{-}top}-V(x)]\frac{C_{ox\text{-}top}}{C_{ox\text{-}top}+C_{ox\text{-}back}+\dfrac{1}{2}C_q}$$

$$+[V_{gs\text{-}back}-V(x)]\frac{C_{ox\text{-}back}}{C_{ox\text{-}top}+C_{ox\text{-}back}+\dfrac{1}{2}C_q} \tag{2-9}$$

3. 漏极电流

要计算漏极电流，我们重新再看式(2-1)。在 x 处，载流子的速度为 $v(x)$，石墨烯沟道的载流子速度可以表示为

$$v=\frac{\mu\varepsilon}{1+\dfrac{\mu\,|\,\varepsilon\,|}{v_{sat}}} \tag{2-10}$$

式中，μ 是载流子在低电场下的迁移率；ε 是电场强度；v_{sat} 是载流子饱和迁移率，可以近似为

$$v_{sat}\approx\frac{\Omega}{\sqrt{\pi\rho_{sh}}} \tag{2-11}$$

式中，Ω 是沟道衬底声子散射能量。

按照定义，$\varepsilon=dV(x)/dx$，由式(2-1)、式(2-8)、式(2-10)可得

$$I_d=-q\rho_{sh}\frac{\mu(-dV(x)/dx)}{1+\dfrac{\mu\,|\,(-dV(x)/dx)\,|}{v_{sat}}}W \tag{2-12}$$

式(2-12)是微分的形式，将其两端从 $x=0$ 到 $x=L$ 积分，并注意到 $V(0)=V_{sorce}=0$，$V(L)=V_{drain}=V_{ds}$，可得

$$I_d=q\mu W\frac{\displaystyle\int_0^{V_{ds}}\rho_{sh}dV}{L+\mu\displaystyle\int_0^{V_{ds}}\dfrac{1}{v_{sat}}dV} \tag{2-13}$$

式(2-13)即 Thiele 给出的 GFET 电流-电压物理模型。采用 Thiele 模型计算得出的结果,很好地吻合了 Meric 实验的数据,证明了其建立模型的思路和方法,特别是采用将量子电容引入载流子迁移模型,使 I/V 模型的表达式,较其他研究者给出的模型简洁、准确了很多。但是,Thiele 模型仍存在以下的不足:(1) GFET 沟道中载流子面密度 ρ_{sh} 需要经过复杂计算得出,造成式(2-13)不能单独直接使用;(2) 分子分母中均包含积分,难以用作电路计算。

2.7.5 GFET 物理模型的化简和工程近似——解析模型

由于 Thiele 模型具有简洁准确的优点,同时有着无法单独使用、难以用作电路计算的缺点,Fregonese 等和 Rodriguez 等对该模型进行了化简和工程近似。本节将介绍这一从"科学"到"工程"的近似过程。

1. 载流子面密度 ρ_{sh} 的显化

假定 GFET 沟道中载流子为单一 p 型载流子。将式(2-1)重写为式(2-14)

$$I_{dp} = q\rho_{sh}(x)v(x)W = q \cdot \rho_{sh}[V(x)] \cdot v[(x)] \cdot W \qquad (2-14)$$

式中,ρ_{sh} 为沟道中载流子面密度;$V(x)$ 为沟道中 x 处的电势;$v(x)$ 为沟道中 x 处载流子速度;W 为沟道宽度;q 为电荷电量。

把量子电容的计算式和定义式重写为式(2-15)和式(2-16)

$$C_q = \frac{2q^2}{\pi} \frac{q \mid V_{ch}(x) \mid}{(\hbar v_F)^2} \qquad (2-15)$$

$$C_q = -\frac{dQ_{sh}(x)}{dV_{ch}(x)} \qquad (2-16)$$

式中,V_{ch} 是量子电容上的电压降;Q_{sh} 是沟道载流子浓度。注意到如果 GFET 在 p 型区,当栅压 V_g 变得更负的时候,V_{ch} 变得更负,同时 Q_{sh} 变大。另外,沟道中的载流子浓度,不仅取决于栅压,还与沟道掺杂情况有关。如果定义 N_A 为受主浓度,N_D 为施主浓度,$N_f = N_A - N_D$,因此有

$$q\rho_{sh}(x) = Q_{sh}(x) = -\frac{1}{2}C_q V_{ch}(x) + qN_f$$

$$= -\frac{2q^2}{\pi}\frac{q\mid V_{ch}(x)\mid}{(\hbar v_F)^2}V_{ch}(x) + qN_f \qquad (2-17)$$

如果令 $\beta = q^3 / [\pi(\hbar v_F)^2]$，则式（2-17）变为

$$q\rho_{sh}(x) = Q_{sh}(x) = q\left[\frac{\beta}{q}V_{ch}^2(x) + N_f\right] \qquad (2-18)$$

图 2 - 25　GFET
沟道内部电路等效
模型

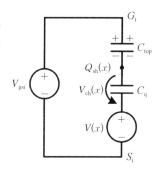

把沟道中载流子、电容和沟道电势的关系，更清晰地表示为图 2 - 25。

式中，G_i、S_i 分别表示 GFET 内部的栅电压和源极电压；C_{top} 表示顶栅氧化层电容。为了分析简洁，暂时忽略背栅的影响，关于背栅的作用和等效，将在后文作出说明。

观察图 2 - 25 所示的等效电路，注意到 C_{top} 下极板上的电荷和决定量子电容的沟道载流子相同，根据基尔霍夫定律

$$C_{top}[V_{gsi} - V_{ch}(x) - V(x)] - q\left[\frac{\beta}{q}V_{ch}^2(x) + N_f\right] = 0 \qquad (2-19)$$

式（2-19）实际上是关于 V_{ch} 的一元二次方程，可以解出

$$V_{ch}(x) = \frac{-C_{top} \pm \sqrt{C_{top}^2 \pm (-)4\beta\{C_{top}[V(x) - V_{gsi}] - qN_f\}}}{-2\beta} \qquad (2-20)$$

此时观察分子，根号内的大括号，如果参考 MOSFET，定义 $V_{th,0}$ 为

$$qN_f - C_{top} \cdot V_{th,0} \qquad (2-21)$$

定义有效栅压 $V_{Geff} = V_{gsi} + V_{th,0}$，则式（2-20）变为

$$V_{ch}(x) = \frac{-C_{top} \pm \sqrt{C_{top}^2 \pm (-)4\beta C_{top}[V(x) - V_{Geff}]}}{-2\beta} \qquad (2-22)$$

因为 GFET 处于 p 型区，$V(x)$ 为正值，V_{Geff} 是由栅压形成的有效栅压，故其

为负,考虑到 V_{ch} 必有实数解,从而分子根号内的"±"号应取"-"以保证根号内值为正。此外,由于 V_{ch} 为量子电容的压降,是由 V_{Geff} 形成,应与其同号,所以分子根号外取"+",得到式(2-23)

$$V_{ch}(x) = \frac{C_{top} - \sqrt{C_{top}^2 + 4\beta C_{top}[V(x) - V_{Geff}]}}{2\beta} \qquad (2-23)$$

将式(2-23)代入式(2-18),从而将 Q_{sh} 表示成栅压和沟道电势的函数,解决了 Thiele 模型不能直接计算 Q_{sh} 的问题。

2. 消除分子分母积分

定义沟道"净"载流子 Q_{net} 为受到栅压调控的载流子,根据式(2-18)得出

$$Q_{net}(x) = Q_{sh}(x) - qN_f = q\beta V_{ch}^2(x) \qquad (2-24)$$

注意到 qN_f 对于有效栅压的影响是线性的,而其对 Q_{sh} 的影响为约 1/2 次幂。在实际制作 GFET 时,$qN_f \ll Q_{net}$,因此接下来计算漏极电流时,将忽略 qN_f 的影响。

在 x 处的载流子迁移率可以写为

$$v(x) = \frac{\mu\varepsilon}{1 + \dfrac{\mu|\varepsilon|}{v_{sat}(x)}} \qquad (2-25)$$

式中,ε 为电场强度;$v_{sat}(x) \approx \omega/\sqrt{\pi\rho_{sh}(x)}$。这样,式(2-14)可以写为

$$I_{dp} = q\rho_{sh}(x) \frac{\mu(-dV/dx)}{1 + \dfrac{\mu|dV/dx|\sqrt{\pi\rho_{sh}(x)}}{\omega}} \qquad (2-26)$$

将式(2-26)左右均对 x 从 0 到 L 积分,注意到等式左侧 I_{dp} 为恒定值,并且 $V(0) = V_{source}$;$V(L) = V_{drain}$,整理后可得

$$I_{dp} = \mu W \frac{q\int_0^{V_{ds}} \rho_{sh}(V)dV}{L + \mu\int_0^{V_{ds}} \dfrac{\sqrt{\pi\rho_{sh}(V)}}{\omega}dV} = \mu W \frac{\int_0^{V_{ds}} [Q_{net}(V) + qN_f]dV}{L + \mu\int_0^{V_{ds}} \dfrac{\sqrt{\pi\rho_{sh}(V)}}{\omega}dV} \qquad (2-27)$$

由于 qN_f 主要影响 GFET 狄拉克点的位置,即转移特性在以 V_g 为自变量的曲线的左右位置,而对 I_{dp} 实际大小影响不大,因此有

$$I_{dp} \approx \mu W \frac{\int_0^{V_{dsi}} Q_{net}(V) \, dV}{L + \dfrac{\mu}{\omega} \sqrt{\dfrac{\pi}{q}} \int_0^{V_{dsi}} \sqrt{Q_{net}(V)} \, dV} \tag{2-28}$$

先看分子,将式(2-23)代入式(2-28),得到

$$\int_0^{V_{dsi}} Q_{net}(V) \, dV = q\beta \int_0^{V_{dsi}} \left[\frac{C_{top} - \sqrt{C_{top}^2 + 4\beta C_{top}(V - V_{Geff})}}{2\beta} \right]^2 dV \tag{2-29}$$

该定积分实际上很容易求解,特别是如果假设 $z = C_{top}(V - V_{Geff})$,$z_1 = -V_{Geff}C_{top}$,$z_2 = (V_{dsi} - V_{Geff})C_{top}$,式(2-29)可以得到如下简洁的形式

$$q\beta \int_0^{V_{dsi}} \left[\frac{C_{top} - \sqrt{C_{top}^2 + 4\beta C_{top}(V - V_{Geff})}}{2\beta} \right]^2 dV = \left[\frac{z^2}{2C_{top}} - \frac{(C_{top}^2 + 4\beta z)^{\frac{3}{2}}}{12\beta^2} + \frac{C_{top}z}{2\beta} \right] \Bigg|_{z_1}^{z_2}$$

$$\tag{2-30}$$

注意 β 的实际大小与 C_{top} 大小的数量关系,式(2-30)右侧的三项实际上只有一项起决定作用

$$\left[\frac{z^2}{2C_{top}} - \frac{(C_{top}^2 + 4\beta z)^{\frac{3}{2}}}{12\beta^2} + \frac{C_{top}z}{2\beta} \right] \Bigg|_{z_1}^{z_2} \approx \frac{z^2}{2C_{top}} \Bigg|_{z_1}^{z_2} \tag{2-31}$$

从而

$$\int_0^{V_{dsi}} Q_{net}(V) \, dV \approx \frac{z^2}{2C_{top}} \Bigg|_{z_1}^{z_2} = C_{top} \left(\frac{V_{dsi}}{2} - V_{Geff} \right) V_{dsi} \tag{2-32}$$

再来看分母的积分,因为

$$\int_0^{V_{dsi}} \sqrt{Q_{net}(V)} \, dV \neq \sqrt{\int_0^{V_{dsi}} Q_{net}(V) \, dV} \tag{2-33}$$

所以采用 Q_{net} 的几何平均与积分上下限的乘积来近似

$$\int_0^{V_{dsi}} \sqrt{Q_{net}(V)} \, dV \approx \sqrt{Q_{net, AV}(V)} \cdot V_{dsi} \tag{2-34}$$

$$Q_{\text{net, AV}} = \left(\frac{C_{\text{top}} - \sqrt{C_{\text{top}}^2 + 4\beta C_{\text{top}} \left[V_{\text{dsi}} / 2 - V_{\text{Geff}} \right]}}{2\beta} \right)^2 \qquad (2-35)$$

因此有

$$\int_0^{V_{\text{dsi}}} \sqrt{Q_{\text{net}}(V)} \, \mathrm{d}V \approx \left[V_{\text{dsi}} / 2 - V_{\text{Geff}} \right] \cdot V_{\text{dsi}} \qquad (2-36)$$

得到最终的解析式

$$I_{\text{dp}} \approx \mu W \frac{C_{\text{top}} \left(\dfrac{V_{\text{dsi}}}{2} - V_{\text{Geff}} \right) V_{\text{dsi}}}{L + \dfrac{\mu}{\omega} \sqrt{\dfrac{\pi C_{\text{top}}}{q} \left(\dfrac{V_{\text{dsi}}}{2} - V_{\text{Geff}} \right)} \cdot V_{\text{dsi}}}$$

$$= \mu W C_{\text{top}} \frac{\left(\dfrac{V_{\text{dsi}}}{2} - V_{\text{Geff}} \right)}{\dfrac{L}{V_{\text{dsi}}} + \dfrac{\mu}{\omega} \sqrt{\dfrac{\pi C_{\text{top}}}{q} \left(\dfrac{V_{\text{dsi}}}{2} - V_{\text{Geff}} \right)}} \qquad (2-37)$$

根据对偶原理,n 区的表达式也可以写出

$$I_{\text{Dn}} \approx \mu W C_{\text{top}} \frac{\left(V_{\text{Geff}} - \dfrac{V_{\text{dsi}}}{2} \right)}{\dfrac{L}{V_{\text{dsi}}} + \dfrac{\mu}{\omega} \sqrt{\dfrac{\pi C_{\text{top}}}{q} \left(V_{\text{Geff}} - \dfrac{V_{\text{dsi}}}{2} \right)}} \qquad (2-38)$$

以上是 GFET 从物理模型到解析模型的建立过程,其中的量子电容电路分析、等效有效栅压以及工程近似获得解析式,是微电子与光电子工程中常用的分析解决问题思路,本节花费大量篇幅重现建模过程,是希望读者能体会到从"科学"到"技术"中"巧"方法的魅力。

2.8　GFET 功能电路

了解了 GFET 的 U 型转移曲线特性、弱饱和特性、Kink 区特性,并有了

GFET 的解析模型，就可以在设计仿真软件里，模拟由多个 GFET 构成的功能电路的行为特性了。本节将介绍几种利用 GFET 三种特性构建的功能电路。

2.8.1　GFET 反相器

反相器是模拟和数字电路的基本构成单元。在 GFET 的模型帮助下，Fregonese 等设计了两种 GFET 反向器电路，如图 2-26 所示。

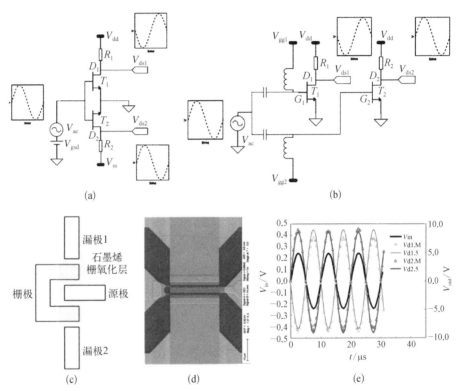

（a）第一种反相器原理图；（b）利用双极特性的第二种反相器；（c）（d）GFET 反相器芯片版图和芯片照片；（e）GFET 反相器测试结果（图中黑色曲线为输入信号，红色和蓝色曲线分别为同相和反向输出信号）

第一种反相器和传统 CMOS 反相器类似，主要应用了共源级连接的特点，输出信号与输入信号反向；第二种 GFET 反相器两个 GFET 连接方式相同，通过改变偏置电压改变两个 GFET 的工作区域，使其中一个工作在 n 型区，另一个工作在 p 型区,利用 U 型转移曲线特性,在输出端可得到一个与输入同相的信号和一个与输入反向的信号。这两个相位差 180°的输出信号,实际上构成了 GFET 有源巴伦。

2.8.2 GFET 微分负阻电路

负微分电阻(Negative Differential Resistance,NDR)效应,是指一些电路或电子元件在端口电压增加时,流过端口的电流反而减少的特性。因为一般的电阻元件,在电压增加时电流增加,而 NDR 器件,电流随电压增加减小,所以称为"负阻"。隧道二极管、气体放电、有机半导体以及导电聚合物在特定的电压电流范围内均具有微分负阻效应。在电路应用中,负阻元件是构成振荡器的核心单元。

利用 GFET 反相器电路和 GFET 的 U 型转移曲线特性,可构成 GFET 微分负阻电路,如图 2‐27 所示。基本思路是将电压加载在 GFET 的漏极,同时将这个电压经过反相器加载在 GFET 的栅极。这样当电压上升时,GFET 源漏电流有增加的趋势,但是同时栅极电压下降。在 U 型曲线右侧,栅压的减小对应源漏电流的迅速减小,这两个趋势同时作用于 GFET,造成漏极电流呈现下降趋势。

受 GFET 弱饱和特性的影响,实测 GFET 微分负阻电路并没有非常理想的峰谷比。但是如果进一步弱化负阻效应,则可得到端口电流随端口电压既不上升也不下降的电流源电路。电流源同样是构建模拟电路的基本单元。从负阻电路和电流源电路中可以看出,利用 U 型转移曲线特性是 GFET 电路的独特特点之一。

2.8.3 GFET 共模差模变换电路

利用 GFET 的双极特性,改变处于共源共栅的两个 GFET 的工作区域,可以得到共模差模变换电路,其工作原理如下。如果将两个管子都偏执在 n 型区或

　　　　　　　　　　　　　　　　石墨烯微电子与光电子器件

图 2 - 27　GFET
微分负阻电路

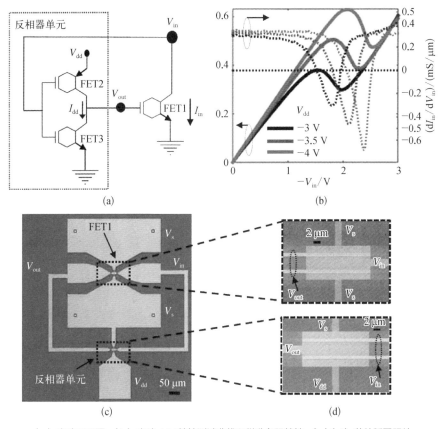

（a）电路原理图；（b）电路 I/V 特性测试曲线和微分负阻特性；（c）（d）芯片版图照片

者都偏执在 p 型区,当两个栅输入为共模信号时,将共模信号放大,当两个栅输入差模信号时,输出为零。如果将一个管子偏置在 n 型区而另一个管子偏置在 p 型区,输入共模信号时,输出为零,输入差模信号时,电路将信号放大输出,如图 2-28 所示。

　　由于器件在双极区的对称性,这种电路可以实现超过 80 dB 的共模抑制比。GFET 共模差模变换电路通过改变偏置状态实现差模共模放大变换,这在传统的集成电路中是不能够实现的。

2.8.4　晶圆级 GFET 集成电路

　　以上介绍了目前较为典型的 GFET 功能电路,为了使 GFET 能够像传统

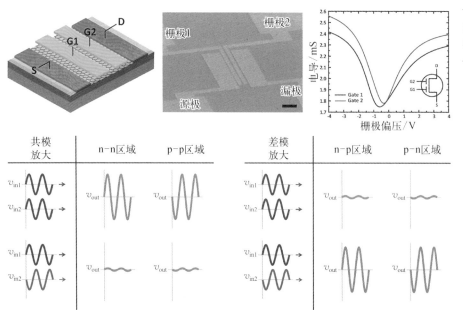

图 2 - 28 共模差模变换电路

MOSFET 一样得到工业化生产,形成晶圆级电路,IBM T. J. Watson Research Center 团队率先尝试采用在 SiC 晶圆上外延生长石墨烯,制成晶圆级 GFET 器件。在此基础上,该团队采用传统半导体集成电路工艺,在同一款芯片上采用三层金属互连工艺,兼容了 GFET 和金属绕线电感,制作了下变频接收机,如图 2 - 29 所示。

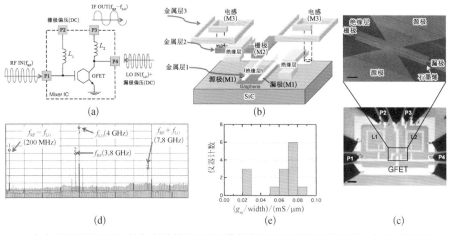

图 2 - 29 晶圆级 GFET 接收芯片

(a)接收电路原理;(b)与传统半导体工艺兼容的 GFET 芯片制作工艺;(c)芯片照片;(d)下变频接收测试频谱;(e)晶圆级 GFET 集成电路性能一致性分布

尽管目前的研究使用 GFET 实现了多种多样的功能,然而由于缺少带隙以及石墨烯与金属的接触电阻仍较大,所以目前鲜有 GFET 电路在 50 Ω 系统中实现正增益的报道。为了解决这一难题,中国电子科技集团第十三研究所的研究团队采用在 SiC 上外延生长石墨烯,T 形顶栅自对准工艺,制作了 GFET 管,并采用微带线匹配的方式,首次研制了 GFET 在 Ku 波段 3 dB 增益的低噪声放大器,如图 2-30 所示。

图 2-30 Ku 波段 GFET 低噪声放大器

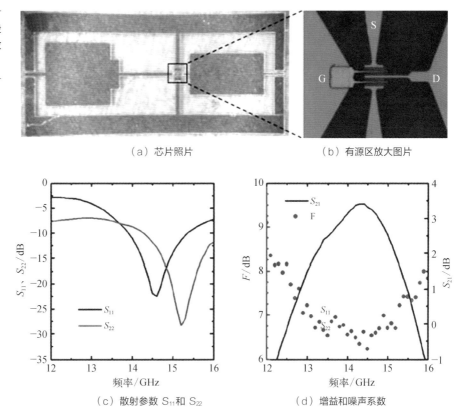

（a）芯片照片　　　　　　　　　（b）有源区放大图片

（c）散射参数 S_{11} 和 S_{22}　　　　　　（d）增益和噪声系数

IBM T. J. Watson Research Center 的研究团队则尝试在 Si 衬底上转移石墨烯,再通过半导体工艺的金属互连,制作与 Si MOSFET 工艺兼容的 GFET 集成电路,虽然没有提供正增益,但是成功实现了下变频接收功能:将调制在 4.3 GHz 的 "IBM" 编码解调为基带信号,如图 2-31 所示。

尽管受到二维材料与金属接触电阻大,且缺少带隙难以形成饱和特性的影

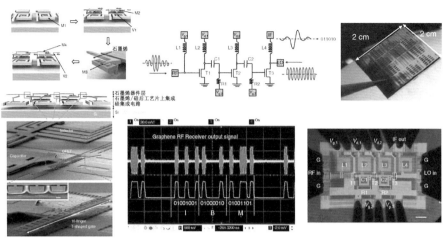

图 2 - 31　GFET
接收机

响，GFET 电路依然显示传统电路不具备的功能和特点，是"超越摩尔（More than
Moore）"的重要研究方向之一。

2.9　石墨烯场效隧穿器件和电路

　　前几节的分析和介绍指出：由于缺少带隙，GFET 仅呈现出弱饱和特性，且
电流开关比较低。目前 GFET 仍难以制作高增益放大电路和数字电路，这对于
形成石墨烯集成电路非常不利。为了克服传统 GFET 的这些缺点，2012 年，
Britnell 等将石墨烯场效应器件和谐振隧穿器件结合在一起，形成石墨烯-绝缘
层-石墨烯（Graphene-Insulator-Graphene，GIG）结构，获得了 10 000 倍以上的
开关电流比。与 Britnell 几乎同时，Feenstra 和 Zhao 等提出，通过控制栅压和
源漏电压关系，采用 GIG 结构可制成石墨烯场效应隧穿晶体管（GTFET）。
数月后，GTFET 器件的特性又被 Britnell 等设计实验证实。之后的三年，类
似的由两层或多层二维材料层叠结构不断涌现，形成了一类二维材料异质结
器件。

　　由于石墨烯在二维材料中最为成熟，且电学性能最佳，本节将介绍 GTFET
器件和电路的性能特点。

2.9.1 石墨烯场效应隧穿晶体管的微分负阻特性

为了提升石墨烯场效应器件的开关电流比,2012 年,Britnell 等设计和验证了将两层石墨烯之间插入超薄的绝缘层,将石墨烯和隧穿器件结合,实现了 10 000 倍以上的开关电流比。这中间插入的超薄绝缘层,可以是六方氮化硼(hBN)、二硫化钼(MoS₂)或是其他的二维材料,这种石墨烯-绝缘层-石墨烯的结构被简称为 GIG 结构。进而,Feenstra 和 Zhao 等从理论上提出,如果利用栅压和两层石墨烯之间的电压关系,控制 GIG 结构隧穿电流的大小,可以形成强烈的微分负阻特性。这一理论随后又被 Britnell 等设计实验验证。这种石墨烯场效应隧穿晶体管(GTFET)呈现出强烈的微分负阻特性和高电流峰谷比。GTFET 结构开辟了二维层状材料垂直压合异质结结构的新领域,同时也为谐振隧穿电子器件注入了活力。GFET 和 GTFET 各自特性和结合对比如图 2-32 所示。

图 2 - 32 GFET 和 GTFET 结合示意图

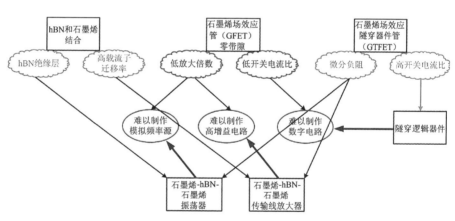

GTFET 器件结构如图 2-33(a)所示。上边一层为 n 型石墨烯,掺杂浓度为 N_D。中间一层为单层(或少层)的 hBN。在之前已经介绍过,hBN 的晶格结构和石墨烯极易匹配,包裹在 hBN 中的石墨烯器件几乎能够达到理论性能。hBN 之下为掺杂浓度为 N_A 的 p 型石墨烯。为分析方便,假定 $N_A = N_D = N$。在两层石墨烯层上加电压 V_{ds}。流过 hBN 层的隧穿电流会出现一个谐振峰,这种谐振电流峰的产生与两个势阱二维电子气流过中间势垒产生的谐振隧穿情况非常相似。

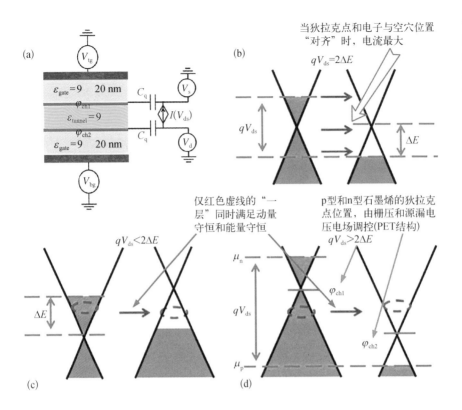

图 2-33 GTFET
结构和 I/V 特性
分析

在图 2-33(b)～(d)中,偏左侧能带锥体代表 n 型石墨烯层,偏右侧的代表 p 型石墨烯层。故 n 型石墨烯费米能级 E_F 位于狄拉克点 DP 之上,其与 DP 能量差为 ΔE。同理,偏右侧的 p 型石墨烯,其费米能级位于 DP 下。由于 $N_A = N_D = N$,故锥体空的部分高度与左侧 DP 以上电子堆叠部分相等,其于 DP 能量差也为 ΔE,故在两层石墨烯和绝缘层之间产生隧穿电流。发生隧穿的条件是必须满足能量守恒和动量守恒,即相同的纵坐标(能量)和相同的横坐标(动量),也即图 2-33(c)(d)中红色虚线表示的等半径的圆盘。

当两个锥体的 DP 对齐时,由于 $N_D = N_A = N$,因此左锥体 DP 以上填满电子部分与右锥体 DP 以下空部分体积与高度相等。此时,被电子填满的能态和右锥体中空能态一一对应,所有"层"均满足两个守恒定律,隧穿电流骤然上升。因此图 23(c)→(b)→(d)所示的隧穿电流,呈现出"Λ"型。

从刚才的分析中可以得出,当 $V_{ds} = 2\Delta E / q$ 时,隧穿电流最大,当 V_{ds} 继续增大时,隧穿电流显著减小,形成微分负阻特性。GTFET 的电压电流推导过程极为

石墨烯微电子与光电子器件

复杂,此处仅给出定性的说明,如图 2-34 所示。图中电流随电压先增大再减小,其中电流随电压增大而减小的区域(V_{ds} 从 $0.6\sim0.8$ V),即为 GTFET 的微分负阻工作区。GTFET 的电学特性被 Britnell 等设计实验验证,将在下一小节中介绍。

图 2-34 GTFET 的电压电流特性

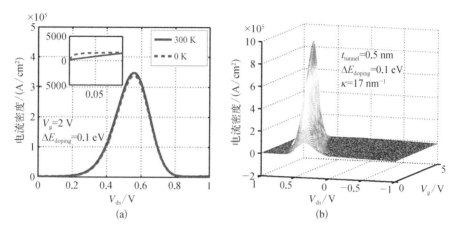

(a)当栅压为 2 V 时电压电流曲线;(b)GTFET 电流随源漏电压 V_{ds} 和栅压 V_g 变化的三维曲线

2.9.2 验证 GTFET 电特性的实验

验证 GTFET 电特性的实验,其器件结构示意图如图 2-35(a)所示。在 SiO$_2$ 表面转移一层 hBN,作为石墨烯的光滑衬底,上面分别是单层石墨烯、少层 hBN 和单层石墨烯。当加上如图所示的电压后,隧穿电流就会产生。通过 V_b 和两层石墨烯上的源漏电压,石墨烯中的电势和费米能级就能受到电场的调控。因为量子电容的存在,栅压实际上可以控制两层石墨烯的费米能级。这两层石墨烯中的载流子浓度,也受到栅压及源漏电压很大的影响。

图 2-35(b)是绝缘层为 6 层 hBN 的器件在温度为 6 K 时的电流电压特性,图中自变量为 V_b,也就是石墨烯上的源漏电压,不同的曲线对应栅压 V_g 从 -55 V 变化到 15 V。重点关注当 V_g 为 15 V 时,源漏电压 V_b 从 0 V 到 0.5 V 时,两层石墨烯间的隧穿电流,也就是源漏电流,呈现出如上小节分析的"Λ"型。也就是说,在 V_b 从 0.25 V 到 0.5 V 的区间,GTFET 呈现出明显的微分负阻特性。

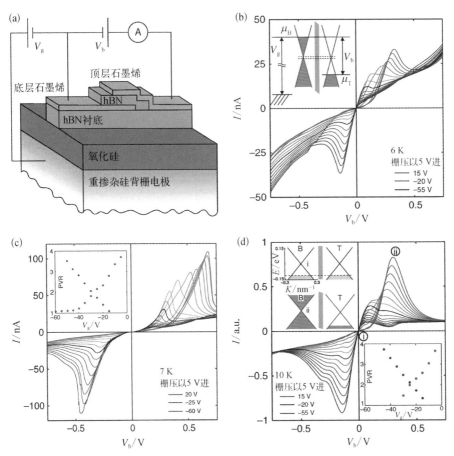

图 2 - 35　验证 GTFET 电学性能 的实验

（a）器件结构图；（b）6 层 hBN 作为绝缘层的 GTFET 器件 I/V 特性；（c）5 层 hBN 作为绝缘层的 GTFET 器件 I/V 特性；（d）按照理论模型分析得出的 GTFET 理想情况下的 I/V 特性曲线

在这段区间,峰值电流与谷值电流的比值(Peak Valley Current Ratio,PVCR)大约为 2。

图 2 - 35(c)是绝缘层为 5 层 hBN 的 GTFET 器件在 7 K 时的电流电压特性。该器件隧穿电流区域约为 $0.6\ \mu m^2$。可以发现,2 - 35(c)所示器件的电特性,更接近于图 2 - 27 所示的电流电压曲线。5 层 hBN 的 GTFET 的 PVCR 约为 4。实际上,GTFET 的绝缘层越薄,微分负阻特性和 PVCR 特性越显著,器件的实用性也就越强。

GTFET 良好的频率特性和电压电流特性可以用来制作太赫兹放大器和振荡器,这是太赫兹固态电路的一个新的研究方向。被二维材料 hBN 包裹的二维材料石墨烯具有良好的特性，这实际上更值得深入思考。石墨烯开启了二维材料的新领域，在石墨烯之后，其他二维材料相继被发现（发明）例如 hBN、NbSe$_2$、TaS$_2$、MoS$_2$等，这些二维材料形成了巨大的二维晶体群，从最绝缘到最导电，从最强到最柔软。如果如本章描述的方法，二维材料层叠起来，有 2，3，4······不同层二维材料形成的层叠结构。将这些功能迥异的材料结合在一起，其可能具有的功能和用途，将比石墨烯本身更多、更宽广。

2.10　石墨烯倍频器

频率倍频器是一种重要的射频器件，能够将低频信号的频率成倍提高，广泛应用于现代通信和雷达等多个领域。传统的倍频器一般基于非线性电子器件，例如场效应晶体管或者整流结。受限于传统的半导体材料电子器件较弱的非线性特性，传统倍频器的频谱纯度很低，需要复杂的滤波系统来提高倍频信号的纯度，从而大大提高了倍频器的成本。新型二维材料石墨烯具有较低的态密度，具有电可调谐双极性传输特性，可实现具有较强非线性特性的 GFET。

本小节研究 GFET 的转移特性就是研究在一定源漏偏压下，源漏电流随栅压的变化情况。在 GFET 的栅极施加电压，栅源间的电势差会引起石墨烯中载流子的注入或抽取。由于石墨烯沟道中原始载流子绝对浓度较低，较小的载流子浓度变化会引起沟道电阻较大的相对变化，因此说石墨烯具有较好的电可调谐特性。

可双极性传输材料指具有两种掺杂类型的材料，例如传统的半导体材料硅，在硅中掺入硼等缺电子杂质可得 p 型硅，空穴参与导电，具有 p 型电传输特性；在硅中掺入磷等多电子杂质可得到 n 型硅，电子参与导电，具有 n 型电传输特性。然而，硅材料的掺杂类型一旦形成，只能以原始掺杂类型决定的载流子参与导电，导电极性不具有电可调谐特性。这是由于传统的半导体材料具有较大的态密度，改变掺杂类型需要注入或抽取数量巨大的载流子，这就会形成巨大的电场，很容易将电介质材料击穿，因此成功制备的硅 FET 只能单极性传输。正是由于传统半导体材料的单极性电传输特性,导致传统 FET 器件的非线性比较弱,从而导致基于传统半导体材料的倍频器的频谱纯度较低。

石墨烯的狄拉克锥能带结构决定了其在狄拉克点附近具有较低的态密度,因此在狄拉克点附近石墨烯的费米能级随着载流子的注入或抽取会剧烈地变化。通常我们制备 GFET 所用的石墨烯受残胶和空气吸附的影响而显示 p 型掺杂,因此狄拉克点电压常为正值。当对栅电极施加较大的负偏压时,石墨烯中的电子会被大量抽取,石墨烯中空穴增多,p 掺增强,参与导电的载流子增多,沟道电导率增加,电阻减小明显;当负栅压增加(绝对值减小)时,被抽取的电子会慢慢注入石墨烯中,沟道电阻增大,源漏电流减小。当栅压变为正值时,开始向石墨烯中注入电子,石墨烯的费米能级不断向狄拉克点移动,石墨烯电阻迅速增加。当栅压增大到 V_d 时,向石墨烯中注入的电子正好全部中和石墨烯中的空穴,石墨烯中载流子浓度达到最低值,石墨烯沟道电阻达到最大值,此时的栅压 V_d 即为狄拉克点电压。随着栅压的进一步加大,向石墨烯中注入的电子增多,石墨烯费米能级离开狄拉克点,石墨烯的导电极性由 p 型变成 n 型,并且电导率随电子浓度增大而降低,石墨烯沟道电阻开始从最大值下降,源漏电流由最小值开始增大。随着栅压的进一步增大,源漏电流进一步增大。图 2-36 给出了 GFET 的转移曲线及不同栅压对应的石墨烯费米能级示意图,表明了石墨烯的电可调双极性传输特性。这种 V 型转移曲线在狄拉克点附近具有很强的非线性,有望通过此特性获得频谱纯度很高的倍频器。

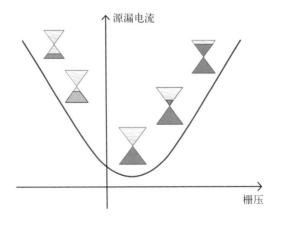

图 2-36 GFET 转移曲线与石墨烯费米能级的关系

石墨烯微电子与光电子器件

根据上面的分析可知,传统 GFET 的转移曲线只有一个狄拉克点,即具有一个电导最小值,为了进一步增加 GFET 的非线性,实现高纯度高倍增因子的倍频器,我们需要在转移曲线中引入更多的电导极小值,使 GFET 的转移曲线具有多个狄拉克点。首先我们考虑怎么在转移曲线中实现两个狄拉克点,即实现 W 型转移曲线。由于石墨烯没有带隙,GFET 本质上是一个随栅压变化的电阻。GFET 的总电阻由三部分构成,分别为源/石墨烯接触电阻、沟道石墨烯电阻、石墨烯/漏接触电阻,其中接触电阻随栅压变化很缓慢,可以忽略其变化。因此 GFET 转移曲线的狄拉克点是由沟道石墨烯的电阻最大值位置决定的。当 GFET 沟道中石墨烯材料只有一个电阻极大值时,转移曲线就会只有一个狄拉克点。如果想在转移曲线中实现两个狄拉克点,就需要 GFET 沟道中石墨烯材料的总电阻具有两个极大值。因此需要在 GFET 沟道中使用两种具有不同掺杂水平的石墨烯。基于此,我们可以将两种不同的石墨烯通过并联或者串联的方式布置到 GFET 沟道中。

图 2-37 为不同掺杂浓度石墨烯并联时,W 型转移曲线的形成过程。由于石墨烯 1 和石墨烯 2 具有不同的掺杂浓度,其所对应的转移曲线的狄拉克点位置不同,因此石墨烯 1 对应的转移曲线和石墨烯 2 对应的转移曲线不重合。然而 GFET 的源漏电流是流过石墨烯 1 和石墨烯 2 的电流的总和,即 GFET 的转移曲线是石墨烯 1 和石墨烯 2 对应的转移曲线的加和,因此得到具有两个狄拉克点的 W 型转移曲线。两个狄拉克点的位置分别对应原始石墨烯 1 和石墨烯 2 的狄拉克点位置。

图 2-37 并联型 GFET

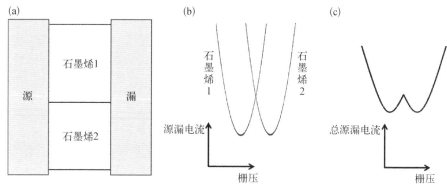

(a) 不同石墨烯并联构成 GFET 有源区;(b) 流过石墨烯 1 和石墨烯 2 的电流随栅压的变化;(c) 流过 GFET 沟道的总电流随栅压的变化(可得到 W 型转移曲线)

图 2-38 为不同掺杂浓度石墨烯串联时，W 型转移曲线形成过程。由于石
墨烯 1 和石墨烯 2 具有不同的掺杂浓度，其电阻随栅压变化的曲线的最大值位
置不重合。GFET 沟道电阻为石墨烯 1 和石墨烯 2 的电阻之和，因此具有两个电
阻极大值。由于 GFET 沟道电流与沟道电阻成反比，因此 GFET 的源漏电流随
栅压变化的曲线具有两个极小值，即 GFET 的转移曲线为具有 2 个狄拉克点的
W 型曲线。对此原理进行推广，若将 N 片不同掺杂类型的石墨烯串联或者并联
形成 GFET 的有源区，我们将能实现具有 n 个狄拉克点的转移曲线。

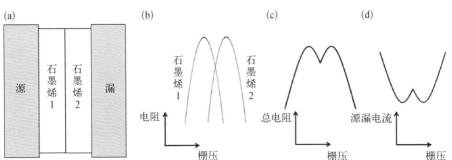

图 2-38　串联型
GFET

（a）不同石墨烯串联构成 GFET 有源区；（b）石墨烯 1 和石墨烯 2 的电阻随栅压变化；（c）石墨
烯 1 和石墨烯 2 串联后总电阻随栅压的变化；（d）流过 GFET 沟道的总电流随栅压的变化

由以上分析可知，产生多狄拉克点的关键是在 GFET 沟道中形成不同掺杂
类型的石墨烯，这就要求对 GFET 沟道石墨烯进行定域掺杂。目前，石墨烯掺杂
技术获得快速发展，主要的掺杂技术有静电掺杂、化学掺杂、衬底工程掺杂和光
致掺杂等。对 GFET 转移曲线狄拉克点个数的有效控制，可用于开发一批新型
射频器件，例如高倍增因子倍频器和高次谐波混频器。

2.10.1　基于 GFET 的高纯度三倍频器

利用传统的非线性电子元件实现频率倍频功能，在滤波之前，器件输出的频
谱功率大部分集中在基频上，因此所需求的倍频信号功率纯度很低。为了获得
可用的倍频信号，需要对传统倍频电子元件输出的信号进行复杂的滤波处理，这
大大增加了倍频器的设计复杂程度和生产成本。在 2009 年，H. Wang 等改变了

　　　　　　　　　　　　　　　　　　　　石墨烯微电子与光电子器件

这一现状,同时给研究者展示了一种全新的倍频器设计理念。他们利用 GFET 的 V 型转移曲线实现了世界上首个基于石墨烯的二倍频器,在不借助任何滤波器的情况下,实现了超过 90% 的频谱纯度,即输出射频功率中,二倍频信号射频功率占比超过 90%,这在传统倍频器中是很难实现的。图 2-39 为基于 GFET 的二倍频器的工作原理,借助 V 型转移曲线,在栅极输入一个周期的电压信号,在漏电极会输出两个周期的电流信号,实现二倍频功能。虽然第一只基于石墨烯的倍频器只实现了几百 kHz 的频率倍频功能,但考虑到石墨烯潜在的超高载流子迁移率,其潜在本征带宽可达几百 GHz 以上。不久后 M.E. Ramón 等制备了能工作在 GHz 频段的石墨烯二倍频器。同时,科研工作者将石墨烯倍频功能创新性地应用于频率混频器和生物传感器,这也从侧面反映出石墨烯倍频器的重要性。

图 2-39 基于 GFET 的二倍频器工作原理

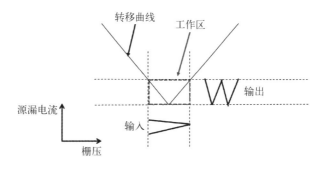

具有高倍增因子的倍频器能够降低对基频信号的频率要求,一方面能够大大提高倍频器的频率稳定性,另一方面能够成为高频信号发生器。在高倍增因子石墨烯倍频器方面,H.Y. Chen 等将石墨烯二倍频器概念加以推广实现了世界上第一只石墨烯基三倍频器,即利用两只 GFET 串联实现 W 型转移曲线。两只 GFET 的有源区石墨烯能够被分别进行电掺杂,当掺杂浓度不同时,两只 GFET 的转移曲线具有不同的电流最小值位置,因此整个器件的转移曲线具有两个狄拉克点,即实现了 W 型转移曲线。其实现了 200 Hz 输入电信号的三倍频输出,在不借助滤波器的情况下,输出三倍频纯度达到 70%,比已有报道的三倍频器最高纯度提高了五倍。利用 W 型转移曲线实现三倍频功能原理如图2-40所示。在栅极输入一个周期的电压信号,将在漏极输出三个周期的电流信号,实

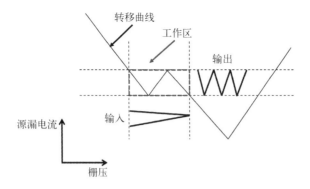

图 2-40 石墨烯
三倍频器工作原
理图

现三倍频功能。

　　利用两个 GFET 串联实现 W 型转移曲线,在一定程度上增加了三倍频器件的
复杂度和生产成本。事实上,如果在 GFET 沟道中引入两种不同掺杂程度的石墨
烯,单只 GFET 就能实现 W 型转移曲线。利用表面镶嵌有石墨烯晶粒的 CVD 石
墨烯作为有源区材料制作 GFET,成功实现了 W 型转移曲线,借助 W 型转移曲线
最终实现了高纯度三倍频输出功能。石墨烯基三倍频器的器件结构模型如图
2-41 所示。重掺杂硅衬底作为 GFET 的背栅极,在背栅极施加一个周期的电压信
号,可以在漏电极得到三个周期的输出电流信号,从而实现了三倍频功能。

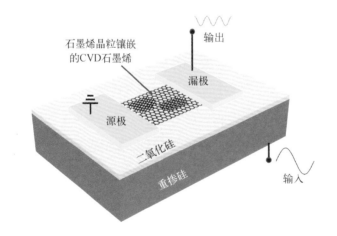

图 2-41 高纯度
石墨烯三倍频器模
型图

　　该工作的核心创新点是将表面镶嵌随机分布石墨烯晶粒的 CVD 石墨烯用
作 GFET 有源区材料。在 CVD 生长石墨烯时,通过调节气压和温度,可以得到
表面散布有微米级石墨烯微晶的单层石墨烯。这种石墨烯在没有石墨烯微晶覆

盖的区域是单层,在有微晶覆盖的区域是两层,这就保证了 GFET 的有源区石墨烯不是全同的,根据前文多狄拉克点产生机制的讨论,可知利用这种石墨烯材料制作 GFET,其转移曲线会有多个狄拉克点。

制作完成后的器件表面光学显微图如图 2 - 42(a)所示。GFET 沟道有源区长和宽都是 20 μm,白色虚线圆圈显示石墨烯微晶的位置,石墨烯微晶的大小在微米量级。拉曼光谱被广泛用来确定石墨烯的层数,为了验证沟道中不同区域石墨烯的层数,该工作测试了不同区域的石墨烯的拉曼光谱,如图 2 - 42(b)所示。拉曼光谱测试所用的激光器的波长为 488 nm,激发功率为 1 mW,光斑面积为 1 μm²。测试结果表明,没有石墨烯微晶覆盖的区域,拉曼光谱的 2D 峰的强度是 G 峰强度 2 倍以上,表明此区域石墨烯的单层特性;有石墨烯微晶覆盖的区域,2D 峰出现变宽和蓝移特性,G 峰强度是单层石墨烯 G 峰强度的两倍,表明此区域石墨烯是两层。双层石墨烯和单层石墨烯具有不同的掺杂浓度,从而对应不同的狄拉克点,因此有实现多个狄拉克点、最终实现具有高倍增因子的倍频器的潜力。

图 2 - 42 石墨烯基三倍频器

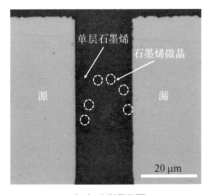

（a）光学显微图

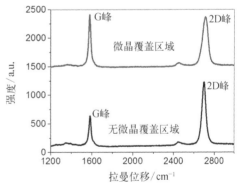

（b）沟道不同区域石墨烯的拉曼光谱

获得 W 型转移曲线是实现三倍频器的关键。由于在测试三倍频器性能时,需要在测试回路串联下载端电阻,用于提高信号提取效率,因此选择了一个 5 kΩ 的电阻串入测试回路。测试结果如图 2 - 43 所示。由测试结果可知,利用表面随机分布石墨烯微晶的 CVD 石墨烯制作的 GFET,只需单只 GFET 就能够实现 W

型转移曲线。与 H.Y. Chen 等用两个 GFET 串联实现 W 型转移曲线的工作相比,该工作大大简化了器件结构,具有降低器件成本的潜力。此外,该工作中使用的石墨烯材料是 CVD 石墨烯,与 H.Y. Chen 等工作中使用的机械剥离石墨烯相比,更具优势。

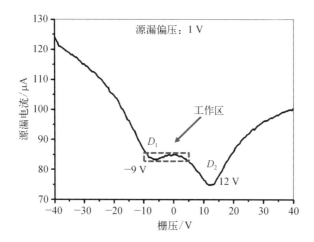

图2-43 三倍频器转移曲线测试结果及工作区选择

　　选择一个最优的工作区能够最大限度地提高三倍频器的输出频谱纯度,图2-43 展示了工作区的选择。转移曲线此时选择的源漏偏压为 1 V,原因有两个:一是尽量提高工作区内的转移曲线关于其中心的对称性,提高输出频谱纯度;二是尽量减小工作区的栅压动态范围,提高三倍频器功率转换效率。此时 D_1 位置为 -9 V,D_2 位置为 12 V,工作区范围选为 -9 V 到 4 V。此时直流偏置栅压设为2.25 V,交流输入正弦电信号的振幅为 6.5 V。

　　图 2-44(a) 给出了 100 Hz 正弦输入电信号波形图和倍频器产生的波形图,为了方便比较,这里输出信号振幅被乘以 130。图中清晰地显示 2 个周期的输入信号能够产生 6 个周期的输出信号,表明了此三倍频器能够正常工作。为了计算此倍频器的输出频谱纯度,该工作测试了 1 kHz 正弦波输入时输出频谱图,测试结果如图 2-44(b) 所示。当频率为 3 kHz 的输出信号的相对功率为 1 时,1 kHz、2 kHz 和 4 kHz 信号相对功率分别为 -18 dB、-19 dB 和 -16 dB,因此三倍频信号功率占总输出射频功率的 94%,在不加额外滤波器的情况下,这是目前报道中纯度最高的三倍频器。

　　　　　　　　　　　　　　　　　　石墨烯微电子与光电子器件

图 2-44 三倍频器测试结果

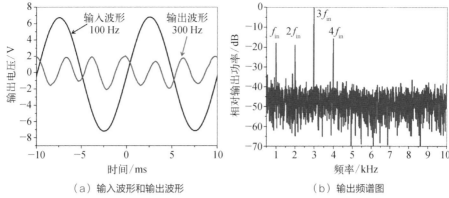

（a）输入波形和输出波形　　　　　（b）输出频谱图

　　为了研究该工作实现的三倍频器在更高输入频率下的工作性能,笔者测试了 10 kHz 输入电信号的输出频谱,发现大约有 50% 的功率集中在基频。随着输入频率的增加,会有更多的输出功率集中在基频,三倍频的纯度大大降低。其主要原因是此结构的三倍频器的寄生电容和输出电阻都比较大,可以通过引入第 2 章所介绍的埋栅技术来降低寄生电容,通过优化器件制作工艺和器件结构来降低器件输出电阻。

2.10.2　基于双栅 GFET 的可调倍频器

　　具有可调转移曲线的 GFET 的研制,对于实现高性能的石墨烯倍频器具有重大意义。由于转移曲线可调,倍频器工作区的选择自由度更大,有机会实现倍增因子更高的石墨烯倍频器,例如四倍频器甚至六倍频器。原则上,如果转移曲线具有 n 个狄拉克点,就能实现倍增因子为 $2n$ 的倍频器。上小节介绍的 W 型转移曲线是通过引入石墨烯微晶随机分布的 CVD 石墨烯实现的,要实现对其的调节只能通过改变 CVD 石墨烯的生长条件。调节石墨烯微晶的尺寸和随机分布密度,这种非实时的调节可操作性不高,并且很难实现具有 3 个或更多的狄拉克点的转移曲线。因此急须开发一种新型的 GFET 器件,用于实现可调转移曲线,最终实现具有更高倍增因子的倍频器。本节将介绍基于双栅结构 GFET 的倍增因子可调倍频器。

所谓双栅结构 GFET 就是在传统背栅 GFET 的有源区 ALD 一层氧化铝介质层后,制作一个局域顶栅。借助顶栅调节其下面有源区石墨烯的费米能级,使其下面石墨烯的掺杂水平不同于没有顶栅控制区域的石墨烯的掺杂水平,从而在 GFET 沟道中实现不同掺杂浓度石墨烯的串联,最终实现 W 型转移曲线。器件模型如图 2-45 所示,其可实现四倍频功能,即在 GFET 背栅施加一个周期的电压信号,在漏极可以得到四个周期的电流信号。

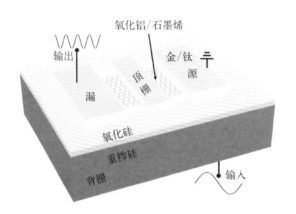

图 2-45　基于双栅 GFET 的四倍频器结构示意图

图 2-46 给出了借助 W 型转移曲线实现四倍频功能的原理示意图,通过选择合适的工作区,在背栅极输入一个周期的电压信号,将在 GFET 漏极输出四个周期的电流信号,实现了四倍频功能。事实上,通过设置不同工作区范围,借助 W 型转移曲线可以分别实现二倍频功能和三倍频功能,这种多模式工作的倍频器具有很大的实用价值。通常情况下,实现三种不同倍增因子的倍频功能需要

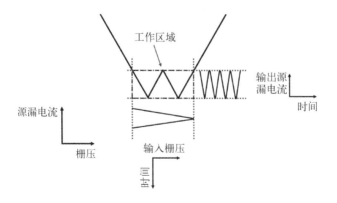

图 2-46　四倍频器的工作原理

借助三种倍频器,而利用这种石墨烯倍频器,只需一个器件。这能够大大降低倍频器的成本。利用传统的半导体电子器件来实现这种多模式倍频器是很困难的,这也充分表明了这种石墨烯倍频器的优越性。

为了便于读者理解狄拉克点位置计算过程,图 2-47 给出了双栅 GFET 的截面示意图。其中 TG 为顶栅,BG 为背栅,L_{TG} 为顶栅宽度,L 为 GFET 沟道宽度,t_1、ε_1 为背栅介质层厚度和介电常数,t_2、ε_2 为顶栅介质层厚度和介电常数。

图 2-47 双栅
GFET 截面示意图

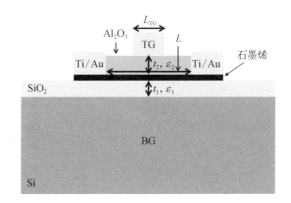

制作双栅 GFET 首先利用湿法转移方法将铜片上的 CVD 石墨烯转移到具有 100 nm 氧化硅的重掺硅衬底上,选用 100 nm 氧化硅介质层是为了提高硅背栅对有源区石墨烯的调控能力。利用光刻和氧等离子体刻蚀制作有源区石墨烯图形。利用光刻、热蒸发钛/金薄膜和剥离工艺得到 GFET 的源电极和漏电极。利用原子层沉积(ALD)工艺在石墨烯表面制备一层 40 nm 的氧化铝介质层,由于 ALD 工艺需要水分子辅助,很难在疏水的石墨烯表面沉积连续性很好的薄膜,因此在 ALD 工艺之前需要在石墨烯表面电子束蒸发一层 1 nm 的金属铝作为种子层,在金属铝被空气中氧气氧化后再去进行 ALD 工艺。最后利用光刻、热蒸发钛/金薄膜和剥离工艺得到 GFET 的顶栅电极。图 2-48 为制作完成的双栅 GFET 的表面形貌显微图。

在一系列固定顶栅电压 V_{tgs} 下,测试源漏电流 I_{ds} 随背栅压 V_{bg} 的变化,测试结果如图 2-49 所示。此时的 V_{ds} 设为 1 V,V_{tgs} 从 -1 V 变为 -8 V,间隔为 -1 V。由测试结果可知,在顶栅压为 -1 V 时,GFET 的转移曲线只有一个狄拉

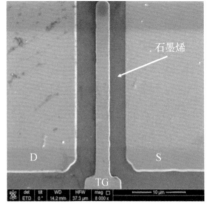

图 2 - 48　双栅 GFET 表面形貌图

（a）光学显微图	（b）SEM 图

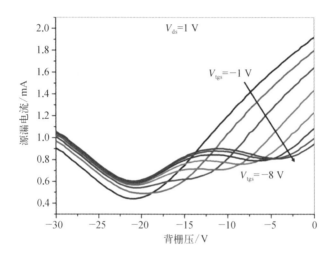

图 2 - 49　不同顶栅压下 GFET 的转移曲线

克点(也可能是两个狄拉克点距离太近)，表明此时顶栅下面的石墨烯未被明显电掺杂；当顶栅压为 - 8 V 时，GFET 的转移曲线具有比较明显的两个狄拉克点。转移曲线狄拉克点个数的变化以及其中一个狄拉克点位置的变化，表明本工作借助双栅 GFET 实现了可调的转移曲线。

顶栅压从 - 1 V 降低到 - 8 V，新产生的狄拉克点电压从 - 21 V 变为 - 4 V，即顶栅下面的石墨烯由较强 n 型掺杂变为较弱 n 型掺杂。现在分析新生狄拉克点位置变化的原因。顶栅加负压，会使顶栅控制区域的石墨烯电子被抽取，使其 n 型掺杂程度降低。栅压越负，电子被抽取越多，石墨烯掺杂水平越低，因此狄拉克点会随着负栅压降低而右移。

前面介绍到此结构倍频器是多模式工作的倍频器,这里通过设置不同工作区,来测试不同工作模式下的石墨烯倍频器。首先测试双栅倍频器工作在四倍频器模式下的输出频谱。当直流栅压设置为 - 12 V,输入振幅为 10 V、频率为 200 kHz 的正弦电信号时,输出端得到的相对功率频谱如图 2 - 50 所示。由测试结果可知有接近 50% 的射频功率集中在四倍频 800 kHz。其余射频功率有大约 25% 集中在基频 200 kHz,有大约 12% 集中在二倍频 400 kHz,有大约 12% 集中在三倍频。

图 2 - 50 双栅 GFET 工作为四倍频器模式输出频谱

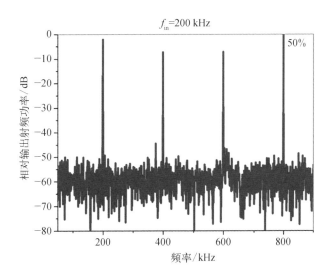

当直流栅压设置为 - 8 V,输入正弦电信号的振幅为 7 V 时,此双栅 GFET 工作在三倍频器模式;当直流栅压设置为 - 6 V,输入正弦电信号的振幅为 4 V 时,此双栅 GFET 工作在二倍频器模式。此器件工作在二倍频和三倍频模式时的输出频谱图如图 2 - 51 所示,由测试结果可知器件工作在二倍频器模式和三倍频器模式下的输出频谱纯度分别为 78% 和 79%。

该工作首次研制了可多模式工作的石墨烯倍频器,给出了利用 W 型转移曲线实现四倍频功能的原理;首次研制了石墨烯基四倍频器,并测试了石墨烯四倍频器的性能。对此工作进行推广,可以实现具有 $(n - 1)$ 个顶栅的 GFET,实现具有 n 个狄拉克点的转移曲线,最终研制倍增因子为 $2n$ 的倍频器,其具有产生 THz 信号的潜力。

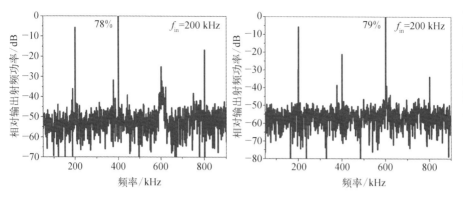

图 2 - 51 双栅
GFET 工作在二倍
频器模式和三倍频
器模式的输出频
谱图

受益于石墨烯的可双极性传输特性和超高载流子迁移率,GFET 在模拟电子特别是射频电子领域具有越来越重要的地位。倍频器作为重要的射频器件,具有广阔的市场。石墨烯倍频器具有结构简单、输出频谱纯度高等诸多优点,将具有越来越大的竞争力。该工作研究了 GFET 转移曲线中多狄拉克点的产生机制,实现了两种新型的石墨烯倍频器,研究了实现可调 W 型转移曲线的方法,提出了研制高倍增因子倍频器的一般方法,为石墨烯倍频器的发展提供了一定的参考。

当 GFET 有源区只有一种石墨烯时,其转移曲线只有一个狄拉克点;当有源区石墨烯不同区域具有不同掺杂水平时,就能实现具有多个狄拉克点的转移曲线,为研制高倍增因子的倍频器提供可能。

为了实现有源区石墨烯多样性,笔者利用表面镶嵌石墨烯微晶的 CVD 石墨烯制作 GFET,实现了 W 型的转移曲线,通过选择最佳的工作区,实现了纯度达到 94% 的三倍频器,为已有报道中纯度最高的三倍频器。

为了实现具有可调转移曲线的 GFET,笔者设计并制备了双栅 GFET,通过对顶栅施加不同的电压实现了对转移曲线的调谐。利用双栅 GFET 实现了多工作模式的倍频器,通过设置工作区,可以分别研制二倍频器、三倍频器和四倍频器。

2.11　小结

根据上文对石墨烯场效应器件的制作、特性以及应用的介绍,我们总结出这是一种新兴的射频和光电子器件，可以用来制作功能各异的电路。然而由于石墨烯本质上是一种半金属，缺少带隙使其性能受到影响。目前石墨烯场效应器件研究大致包括以下热点。

（1）饱和特性：进行"带隙工程"，打开石墨烯的带隙，从而提高 GFET 电流饱和特性和开关电流比。

（2）U 型转移曲线特性：对双极型 GFET 的 U 型转移曲线加以利用，以及对影响 U 型转移曲线的要素进行研究和利用。

（3）接触电阻：采用多种手段减小石墨烯和金属的接触电阻，这是提高石墨烯场效应器件的放大倍数和最高振荡频率的关键。

（4）石墨烯和其他二维材料层叠异质结构：在石墨烯之后，有诸如二硫化钼（MoS_2）、黑磷（BP）、六方氮化硼（hBN）等一系列二维材料，它们特性各异，将它们层叠起来，形成不同层功能不同的"layer by layer system"。特别地，hBN 和石墨烯晶格匹配良好，被 hBN 包裹的 GFET 性能好，不易受外界影响，值得关注。

（5）传感特性：石墨烯有巨大的表体比，碳单质结构容易进行修饰，并且制备成本较低，具有一定的柔性，因此制备特异性强、高灵敏度的石墨烯传感器也是研究的热点。

（6）器件模型和设计：石墨烯场效应器件多样的功能目前还在研制阶段，良好的模型可以更清晰地描述器件的规律，为设计提供指导。

第 3 章

石墨烯光调制器

3.1　引言

　　光调制是光子学和光电子学中必不可少的功能,光调制器是实现这一功能的核心元件,其广泛应用于光学互连、环境监测、生物传感、医学和安全等领域。光调制的目的是将信息加载到光波上,利用光波对信息进行传输和下一步处理。光通常具有振幅、频率、相位和强度等参量,若能有效控制其中某一参量,就能将信息调制到光波上。调制器通常和光源同时出现,根据调制器和光源的对应关系可分为内调制和外调制两种。内调制是直接调制光源,使其直接发出被调制后的光信号;外调制是光源发出连续光后,再对光进行调制。

　　近年来,石墨烯凭借其超宽可调光谱吸收和超快载流子迁移率等优良特性,在光调制领域得到快速的发展。本章将详细介绍不同种类的石墨烯光调制器,希望为相关科研工作者带来启发。

3.2　石墨烯光调制的机理

　　光强度调制是最广泛使用的调制方式,利用石墨烯实现光强度调制具有重要的现实意义。调控石墨烯的光吸收系数是实现光强度调制的最直接的方法。调控石墨烯的折射率,从而调控光的相位,借助干涉器件也能实现光的强度调制。本小节将介绍石墨烯光吸收系数和折射率的调制机理。

　　石墨烯的光吸收包括带间跃迁吸收和带内跃迁吸收,其大小由石墨烯的光电导率决定。石墨烯光电导率的表达式为

$$\sigma_{\text{total}} = \sigma_{\text{intra}} + \sigma'_{\text{inter}} + i\sigma''_{\text{inter}} \tag{3-1}$$

式中,σ_{total} 为总石墨烯总光电导率;σ_{intra} 为石墨烯带内跃迁贡献的电导率;σ'_{inter} 为石墨烯带间跃迁对电导率贡献的实部;σ''_{inter} 为石墨烯带间跃迁对电导率贡献的

虚部。

其中带内跃迁为

$$\sigma_{\mathrm{intra}} = \sigma_0 \frac{4\mu}{\pi} \frac{1}{\hbar(\tau_1 - i\omega)} \tag{3-2}$$

式中，$\sigma_0 = e^2/(4\hbar)$（标准光电导）；μ 为石墨烯的化学势（费米能级）；$\hbar$ 为普朗克常量；ω 为入射光的角频率；τ_1 为带内跃迁的弛豫速率。带间跃迁的表达式为

$$\sigma'_{\mathrm{inter}} = \sigma_0 \left(1 + \frac{1}{\pi} \arctan \frac{\hbar\omega - 2\mu}{\hbar\tau_2} - \frac{1}{\pi} \arctan \frac{\hbar\omega + 2\mu}{\hbar\tau_2} \right) \tag{3-3}$$

$$\sigma''_{\mathrm{inter}} = -\sigma_0 \frac{1}{2\pi} \ln \frac{(2\mu + \hbar\omega)^2 + \hbar^2\tau_2^2}{(2\mu - \hbar\omega)^2 + \hbar^2\tau_2^2} \tag{3-4}$$

式中，τ_2 为带间跃迁的弛豫速率。

根据以上公式和石墨烯的理论模型，图 3-1 给出了入射光波长在 1 450 nm 到 1 650 nm 之间，石墨烯化学势从 0 到 0.6 eV 变化时，石墨烯光电导率实部和虚部的变化情况。当光波长为 1 550 nm 时，化学势由 0.398 eV 增加到 0.402 eV 时，电导率实部由 61.9 μS 减小到 6.7 μS。电导率实部与光吸收系数成正比，即电导率实部越大，光吸收系数越大。由此可知，对于 1 550 nm 入射光，当石墨烯化学势为 0.398 eV 时，吸收系数很大；当石墨烯化学势为 0.402 eV 时，吸收系数很小。因而，可通过调节石墨烯的化学势，也就是费米能级来调节石墨烯的光吸收系数。

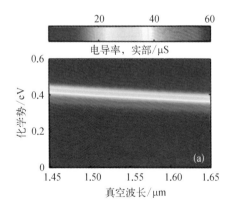
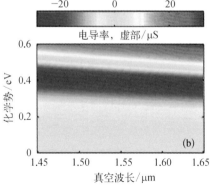

图 3-1 石墨烯光电导实部（a）和虚部与（b）光波长和石墨烯化学势的关系

对石墨烯的费米能级的调节,本质上是改变石墨烯中载流子的浓度。因为石墨烯的费米能级和载流子浓度之间具有密切的依赖关系

$$E_F \propto \sqrt{|n + n_0|} \tag{3-5}$$

式中,n_0 为石墨烯初始状态的载流子浓度;n 为通过外部控制条件对石墨烯中载流子浓度的改变量。

通常有两种方式可以改变石墨烯中的载流子浓度,一种是通过施加电场的方式,通过电容结构对石墨烯进行充放电;另一种是通过施加光场的方式,在石墨烯中产生大量的光生载流子,从而改变石墨烯的光电导率。通过第一种方式实现的光调制器是电光调制器,通过第二种方式实现的是全光调制器。

图 3-2 展示了两种方式实现光调制的原理。图 3-2(a)为电调石墨烯费米能级的原理图,石墨烯和电极形成电容结构,通过对电容施加电压,比如正电压,此时大量电子被注入到石墨烯中,石墨烯的费米能级会升高。图 3-2(b)为光调制石墨烯费米能级,石墨烯吸收光子,产生大量电子空穴对,这些光生载流子占据了石墨烯的有限的电子态,从而导致石墨烯对入射信号光的吸收系数的变化,实现光调制。

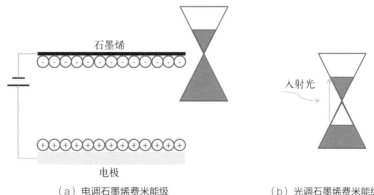

图 3-2　石墨烯费米能级调节

（a）电调石墨烯费米能级　　　　　（b）光调石墨烯费米能级

对石墨烯的载流子浓度的调控还可以通过改变其折射率,从而引起与石墨烯相互作用光信号相位的变化,结合干涉结构来实现,进而实现光强度调制。图 3-3 给出了 1 550 nm 光的折射率和化学势的关系,表明了折射率随化学势的变化而变化,并且变化很剧烈,有望实现小尺寸 MZI 石墨烯光调制器。

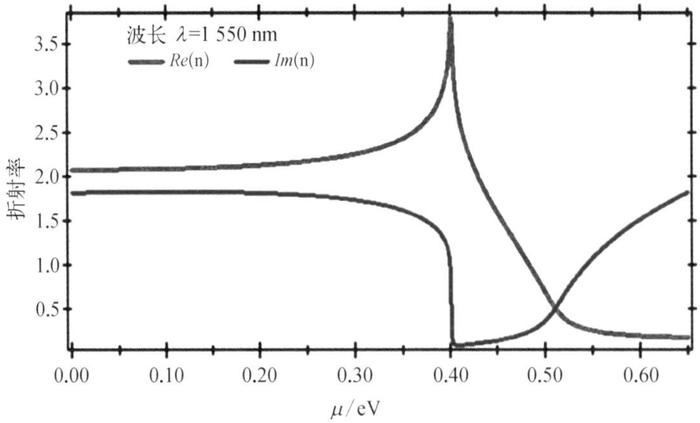

图 3-3 石墨烯折射率与化学势的关系

以上介绍了石墨烯光吸收系数调制的核心机理,基于这些机理,结合传统光调制器结构,可以开发出一系列基于石墨烯的光调制器。

3.3 石墨烯电光调制器

随着微电子技术和半导体工艺技术的发展成熟,科学家已经能够很好地控制电子,利用电子实现信息产业的快速发展。控制光子成为下一个目标。现阶段的终端都是基于电子的,而信息的传递基本上基于光子传输,因而将电信号调制到光波上具有巨大的市场需求。电光调制器是实现电光转换的核心部件,成为现阶段不可缺少的功能器件。本节介绍基于石墨烯的电光调制器的发展情况。

3.3.1 波导型电光调制器

光波导能够将光限制在微纳结构腔中,一方面能够大大增加光与石墨烯相互作用的长度,另一方面能够降低器件的尺寸,对光调制器小型化具有促进作用。硅基材料是微电子技术的基石,硅基光电子有望将硅材料在微电子领域的优势延伸到光电子领域。将石墨烯材料和硅材料充分融合实现光调制器,具有重要的现实意义。将石墨烯和硅波导集成,可实现尺寸超小的光调制器。图3-4为波导集成电光调制器的结构示意图和工作原理图。图3-4(a)为石墨烯与硅光波导的集成的三维结构示意图,重掺硅波导一方面传导光,将光传输到石墨烯位置;另一方面充当电容结构的底电极。石墨烯作为电容结构的顶电极,用来与光相互作用。石墨烯和硅波导中间有一层氧化铝绝缘层,辅助形成石墨烯-重掺硅电容结构。石墨烯和硅分别与不同外电极接触,通过在外电极上施加偏压就能够调制石墨烯中的载流子浓度。载流子浓度变化量和电压变化量成正比,和电容结构的单位面积电容成正比。通过施加信号电压,可将电信号调制到光载波上。图3-4(b)为光调制器截面的光场分布示意图。此时的光场为 TM 模式,此模式的光大部分集中在石墨烯和硅波导的界面处,有利于增加石墨烯和光场的相互作用。图3-4(c)为光调制器的表面 SEM 图,可以看到石墨烯覆盖的硅波导结构。器件尺寸很小,有源区面积为 25 μm^2,为世界上最小的宽谱光调制器。

图3-4 石墨烯与硅波导集成电光调制器

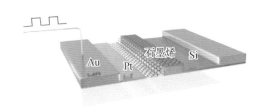

(a) 器件三维结构

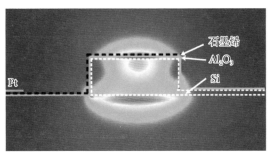

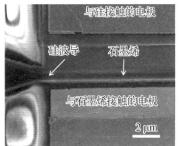

(b) 器件有源区截面光场模式   (c) 器件的 SEM 图

借助此结构,能够实现对光的调制。图3-5为不同偏压作用下,1530 nm 光的透射强度变化。当施加偏压在 -1 V 到 3.8 V 之间时,费米能级能量小于光子能量的一半,光子会被费米能级下面的电子吸收,发生带间跃迁,石墨烯光吸收系数接近 0.1 dB/μm。当施加的偏压小于-1 V时,费米能级在狄拉克点以下,费米能级能量大于光子能量的一半,费米能级下面的电子不能吸收光子,石墨烯的光吸收系数减小,透射增大。当施加的偏压大于 3.8 V时,费米能级在狄拉克点以上,费米能级能量大于光子能量的一半,费米能级下面无空电子态可容纳光生电子,带间跃迁被阻止,电子不能吸收光子,石墨烯的光吸收系数减小,透射增大。由于石墨烯中存在缺陷,不同位置的石墨烯费米能级位置不同,会出现吸光现象,因此透射谱在-1 V和3.8 V位置未出现突变现象。这里光吸收系数最大的位置不是 0 V,而在 2 V附近,这是由于石墨烯经过半导体工艺后,被 p 型掺杂。

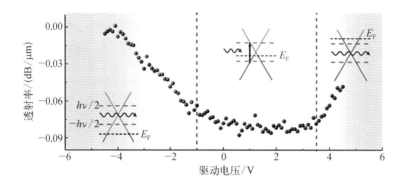

图3-5 波导型石墨烯电光调制器的静态电光响应测试结果

由于有源区面积很小,器件电容较小,因此动态响应速率快,本器件的小信号 3 dB带宽达到 1 GHz。图 3-6为器件动态电光响应结果。在偏压为-2.0 V时,小信号 3 dB带宽为 0.8 GHz;在偏压为-2.5 V时,小信号 3 dB带宽为 1.1 GHz;在偏压为-3.0 V时,小信号 3 dB带宽为 1.1 GHz;在偏压为-3.5 V时,小信号 3 dB带宽为 1.2 GHz。偏压绝对值较小时,石墨烯载流子的输运速度较低,同时接触电阻较大,因此带宽较低。图 3-6中插图为小信号响应强度随偏压的变化,可以发现偏压绝对值越高,响应强度越大,这和石墨烯的光吸收系数的变化规律是一致的。

第一支石墨烯电光调制器的插损很大,这是由于硅波导被重掺杂而强烈吸收光载波的缘故。为了克服这一问题,在硅波导表面构建石墨烯-氧化铝-石墨烯电容结构,硅波导只完成光波的传输。图 3-7为器件的结构和制作工艺示意图。图 3-7(a)为器件的截面示意图,两层石墨烯包覆硅波导,石墨烯被氧化铝

图 3 - 6　石墨烯电
光调制器的动态电
光响应测试结果

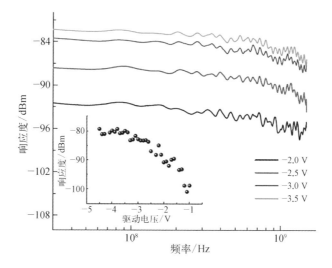

图 3 - 7　双层石墨
烯光调制器

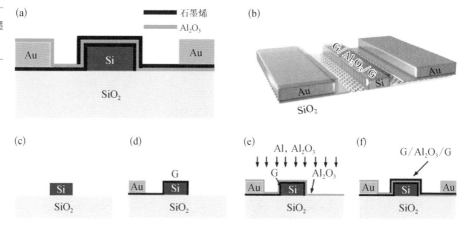

（a）截面结构示意图；（b）三维结构示意图；（c）～（f）工艺流程示意图

隔离开，氧化铝的厚度为 12 nm。硅波导厚度为 340 nm，宽度为 400 nm。图 3 - 7 (b)为器件的三维结构示意图。图 3 - 7(c)～(f)为器件的加工流程示意图。

　　借助双层石墨烯光调制器，在减低器件插损的同时，提高了器件的消光比。图 3 - 8 为器件静态电光响应测试结果。图 3 - 8(a)为器件的相对透射强度和偏压的关系，最大调制深度达 6.5 dB，有源区石墨烯的长度为 40 μm，双层石墨烯的消光系数达到 1.4 dB / μm。图 3 - 8(b)给出了器件在不同工作区的费米能级位置，在偏压小于 - 2.5 V 时，顶层石墨烯的费米能级在狄拉克点以上，能量高于光子能量的一半,底层石墨烯的费米能级在狄拉克点以下,能量也高于光子能量的一半,因此都不吸收光子;在偏压大于 - 2.5 V 且小于 2 V 时,顶层石墨烯的费米能级能量低于光子能量的一半,底层石墨烯的费米能级能量也低于光子能量的一半,因此都吸收光子,且在 - 0.5 V 附近光吸收系数达到最大;在偏压大于 2 V 时,顶层石墨烯的费米能级在狄拉克点以下,能量高于光子能量的一半,底层石墨烯的费米能级在狄拉克点以上,能量也高于光子能量的一半,因此都不吸收光子。由于石墨烯中存在缺陷,在 - 2.5 V 和 2 V 位置未出现跳变。

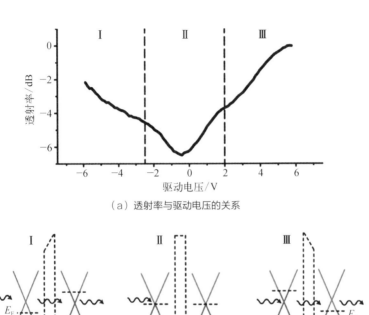

（a）透射率与驱动电压的关系

（b）调制器工作原理

图 3-8　双层石墨烯光调制器的静态电光测试结果

　　这种双层石墨烯结构并未降低器件的电容,因此器件的动态响应带宽未得到有效提高,仍为 1 GHz 左右。图 3-9 为器件的动态电光响应的测试结果图。由于器件的两个电极都是和石墨烯接触,具有较大的电阻,这是阻碍动态响应速率提升的重要因素。

　　波导型石墨烯光调制器的动态响应带宽由器件的 RC 常数决定,其中 R 为器件的电阻,主要是电极和石墨烯接触的电阻;C 为器件的电容,由于石墨烯电

　　　　　　　　　　　　　　　　　　　　　石墨烯微电子与光电子器件

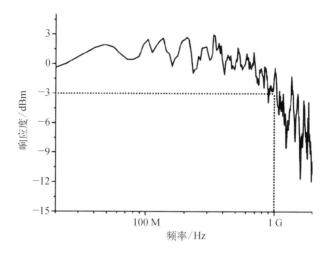

图 3 - 9 双层石墨烯光调制器的动态电光响应测试结果

吸收光调制器都是基于电容结构的,其电容一般较大。因此提高波导型光调制器的动态响应带宽可通过降低石墨烯和电极的接触电阻以及降低电容来实现。降低电阻可通过选择功函数和石墨烯费米能级接近的金属材料(如镍金属)来实现。降低电容可通过增加电容极板间距即增大绝缘层的厚度来实现。增大绝缘层的厚度会显著提高电光调制器的工作电压,即降低调制效率。为了给出电容结构石墨烯光调制器的性能极限,图 3 - 10 给出了石墨烯电光调制器结构示意图。图 3 - 10(a)为器件的三维结构示意图,图 3 - 10(b)为器件的截面示意图。这里石墨烯是平坦的,能够避免石墨烯被损坏,提高石墨烯的载流子迁移率。此结构中左边的电极(20 nm Ti /480 nm Au)和重型 n 掺硅接触,实现欧姆接触;右边电极(10 nm Cr /50 nm Au /20 nm Ti /420 nm Au)和石墨烯接触,降低接触电阻。

图 3 - 10 高性能波导型石墨烯电光调制器结构示意图

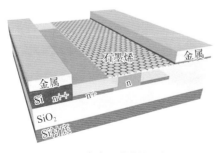

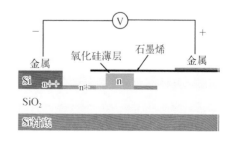

（a）三维结构示意图　　　　　　　　　（b）截面结构示意图

图 3-11 给出此种结构的光调制器的器件形貌。此器件利用标准的 CMOS 工艺实现,具有大规模生产的潜力。图 3-11(a) 为光学显微图,图 3-11(b)(c) 为器件 SEM 图,显示器件有源区的微观形貌,在 3-11(c) 图中可以清晰地看到连续性较好的石墨烯覆盖在硅波导表面。

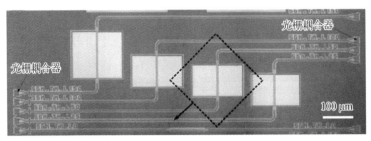

(a) 光学显微图

图 3-11 高性能石墨烯光调制器的器件形貌图

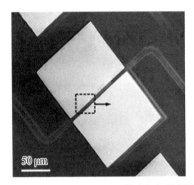 

(b)(c) 为器件有源区 SEM 图

图 3-12 为器件的测试结果图。图 3-12(a) 为器件静态电光响应测试结果图,横坐标为石墨烯化学势,其可通过施加偏压改变;纵坐标为石墨烯的吸收系数,单位为 dB/μm。对于 1 560 nm 的光波,石墨烯的吸收系数在化学势小于 0.3 eV 时大于 0.14 dB/μm,费米能级在狄拉克点位置的吸收系数达到 0.16 dB/μm,此状态对应了光的关态。当化学势大于 0.5 eV 时,吸收系数降低,接近 0,此时对应光的开态。此器件的温度稳定性也很高,从 25℃ 升温到 175℃,静态电光响应几乎没有变化。图 3-12(b) 给出了器件不同偏压的动态电光响应测试结果,当偏压为正偏时,器件的小信号 3 dB 带宽为 2.9 GHz;当偏压为零偏附近时,器件的小信号 3 dB 带宽为 5.9 GHz。器件的响应带宽受限于器件的 RC 常数,这里带宽变化是由器件

石墨烯微电子与光电子器件

图 3 - 12　波导型
石墨烯光调制测试
结果

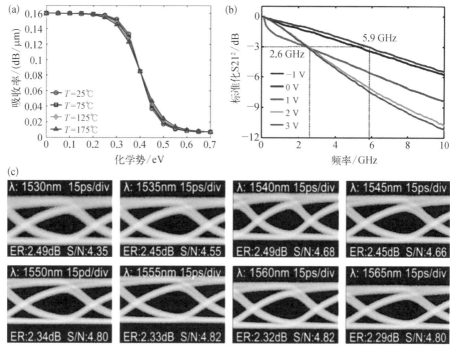

（a）不同温度下吸收谱与化学势的关系；（b）器件动态响应；（c）器件眼图

电容变化导致的。图 3 - 12(c)为光调制器的 10 GHz 眼图，光波长从 1 530 nm 到
1 565 nm。测试结果表明此结构石墨烯光调制器已经达到商用水平。

　　电容结构石墨烯光调制器的调制效率和动态工作带宽与绝缘层厚度的关系
如图 3 - 13 所示，绝缘层为二氧化硅。可以发现，随着绝缘层厚度的增加，光调制
器的电压调制效率迅速降低，而器件的动态光响应 3 dB 带宽线性增加。同时器
件尺寸越大，调制效率越高，但器件 3 dB 带宽越低。具体地，当氧化层厚度为
20 nm，石墨烯长度为 50 μm 时，器件 3 dB 带宽达到 32 GHz，然而光调制效率低
于 1 dB / V，这意味着需要施加较大的偏压来获得可观的光调制深度。

　　为了获得高速的波导型石墨烯光调制器，在两层石墨烯中间引入 120 nm 氧
化铝，并将非晶硅光波导通过沉积和刻蚀的方式布置到双层石墨烯表面。图
3 - 14 为高速石墨烯电光调制器的结构示意图。

　　高速石墨烯电光调制器的测试结果如图 3 - 15 所示。图 3 - 15(a)为器件的
静态电光响应测试结果，和预期的一样，需要施加较大的偏压才能实现光的开关

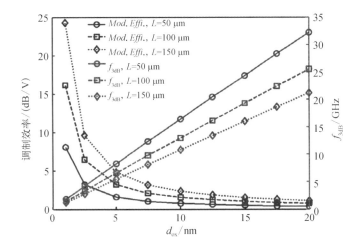

图 3 - 13 器件调制效率与 3 dB 带宽和绝缘层厚度的关系

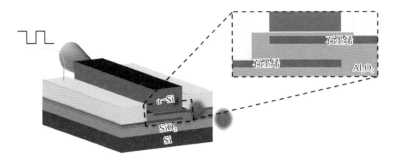

图 3 - 14 高速石墨烯电光调制器

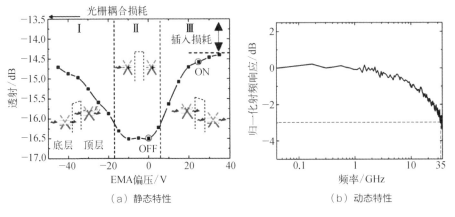

（a）静态特性　　　　　　　（b）动态特性

图 3 - 15 高速石墨烯电光调制器测试结果

调制。图 3 - 15（b）为器件的动态电光响应测试结果，小信号 3 dB 带宽达到了 35 GHz，由此可知将绝缘层的厚度增加 10 倍，器件的带宽就能提高 10 倍，但所需偏压会增大很多。

3.3.2 空间电光调制器

空间光调制器结构简单,可对空间光信号进行调制,在通信、传感等领域具有广阔的应用前景。石墨烯具有零带隙,可实现对紫外到红外空间光的调制。图3-16为基于超级电容结构的石墨烯空间光调制器结构示意图与静态电光测试结果。这里使用电解质作为绝缘层,能够大大增大电容器的电容,可以高效调节石墨烯的费米能级,能够实现对450～2 000 nm光波的调制。图3-16(b)展示了不同偏压作用下,透射谱的变化情况,结果表明其可实现超宽谱光调制。通过优化石墨烯层数,可实现35%的调制深度。此空间光调制器结构简单,可大规模生产。

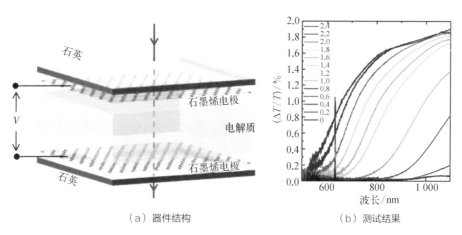

图3-16 基于超级电容的石墨烯空间光调制器

（a）器件结构　　　　　　　（b）测试结果

为了进一步提高空间光调制器的调制深度,可以在结构中引入光子晶体等能够增强光场的微纳结构,这样能够增强石墨烯和光场的相互作用,从而提高光调制深度。图3-17为光子晶体增强的石墨烯空间光调制器的结构示意图,以及光子晶体的两个主要光场模式。图3-17(a)为器件结构示意图,石墨烯铺在光子晶体表面,石墨烯连接源漏电极,电解质层覆盖在石墨烯表面,栅电极通过电解质高效控制石墨烯中费米能级。图3-17(b)为光子晶体光模式的分布图,可以发现光场强度很大,这意味着将石墨烯放在光子晶体表面可以大大增强光与石墨烯的相互作用。

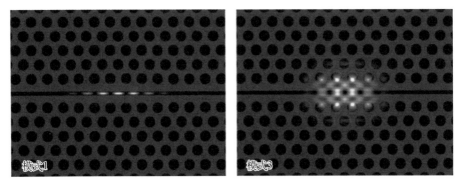

图 3 - 17　光子晶体增强石墨烯空间光调制器

（a）器件结构

（b）光子晶体模式分布

图 3-18 给出光子晶体增强石墨烯空间光调制器的静态电光响应特性。图 3-18(a)为栅压随时间变化图,从 −7 V 到 6 V。图 3-18(b)为石墨烯电阻随时间的变化,可知狄拉克点出现在 1 V 位置。图 3-18(c)为器件的反射谱随栅压的变化,对于波长为 1 592.9 nm 的入射光,其反射信号的调制深度为 10 dB,这表

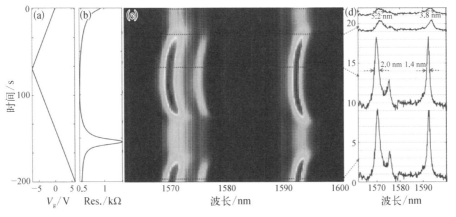

图 3 - 18　光子晶体增强石墨烯空间光调制器测试结果

（a）栅压随时间的变化;（b）沟道电阻随时间的变化;（c）反射谱随栅压的变化;（d）不同偏压下的反射谱

明了光子晶体的引入能够增强空间光的调制深度。图 3-18(d)为不同栅压时的反射谱,可以清晰地看到反射谱被调制,并且调制深度很大。这种反射谱的剧烈变化是由石墨烯的光吸收系数的变化引起的。当石墨烯不吸光时,光子晶体的光损耗很低,品质因数很高,谐振峰很尖锐;当石墨烯吸光时,光子晶体的光损耗很高,品质因数很低,谐振峰几乎会消失,这就导致了石墨烯空间光调制器的光调制深度的大幅度提高。

前面几项工作是通过影响石墨烯带间跃迁来调制光与石墨烯的作用强度。事实上带内跃迁也能吸收光信号,特别是能量很小的光子,例如 THz 光。下面介绍利用石墨烯来调制 THz 光的透射强度。图 3-19 为基于石墨烯的空间 THz 调制器的结构与原理示意图。图 3-19(a)为器件的结构示意图,p 型硅衬底表面

图 3-19 石墨烯 THz 光调制器

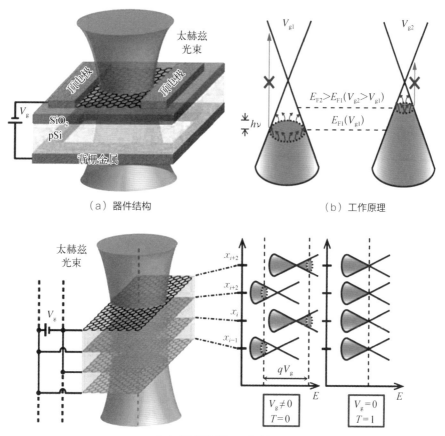

(a) 器件结构

(b) 工作原理

(c) 叠层石墨烯 THz 调制原理

具有一层氧化硅，石墨烯布置在氧化硅表面，源漏电极由石墨烯连接，背电极制作在硅衬底下表面，为了减少 THz 光的损耗，在背电极中间挖了一个孔。图 3 - 19(b)为石墨烯带内跃迁吸收 THz 光的原理示意图，当栅压较大时，费米能级离狄拉克点较远，此时大量电子参与 THz 光吸收，发生带内跃迁；当栅压降低时，参与吸收 THz 光的电子数降低，因此对 THz 光的吸收减弱；当栅压为狄拉克点电压时，石墨烯中无电子可以吸收 THz 光，从而使 THz 光能够完全透射石墨烯。由于单层石墨烯对 THz 光的吸收比较弱，可以引入石墨烯叠层结构，如图 3 - 19(c)所示，可实现 THz 光透射率 0 到 1 的调制。

图 3 - 20 展示的是单层石墨烯 THz 光调制器的电光测试结果。图 3 - 20(a)为 THz 调制器的静态电光响应特性。当栅压为 50 V 时，费米能级接近狄拉克点，此时石墨烯带内跃迁被限制，THz 的透射率接近 1；当栅压为 0 V 时，费米能级离狄拉克点较远，此时带内跃迁强度大，石墨烯对 THz 的吸收作用强烈，此时透射率为 0.8。由此可知，6~7 层石墨烯就能实现 THz 光的开和关的调制。图 3 - 20(b)为 THz 调制器动态响应图，上图的波形为调制电压，下图为 THz 探测器输出电压波形。图 3 - 20(c)为 THz 调制器的动态电光响应与光信号频率的关系图，表明 THz 调制器的 3 dB 带宽为几十 kHz，能够满足很多 THz 应用的需要。

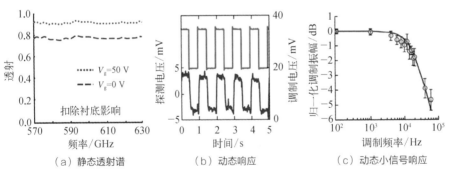

（a）静态透射谱   （b）动态响应   （c）动态小信号响应

图 3 - 20　石墨烯 THz 光调制器的测试结果

3.3.3　直接调制石墨烯光源

前面介绍的石墨烯调制器都是外调制器，利用石墨烯调制器调制连续光信

石墨烯微电子与光电子器件

号。内调制器能够直接调制光源,发射光脉冲信号,能够大大简化光电器件的幅度,便于光源芯片化。石墨烯在高温下发光效率很高,将信号加载到石墨烯源漏电极上,可以直接发射出携带信号的光信号,具有重要的意义。图3-21展示了直接调制石墨烯光源的结构和静态发光测试结果。图3-21(a)为石墨烯光源的结构示意图,石墨烯被两层氮化硼包裹,源漏电极通过边接触向石墨烯中注入电流,石墨烯温度升高并发热发光。图3-21(b)为石墨烯光源的 I/V 曲线,插图

图 3-21 石墨烯光源

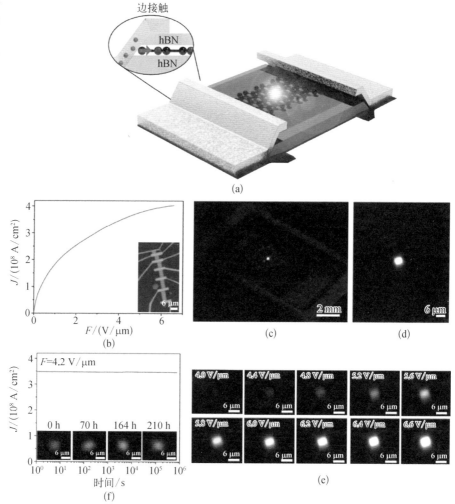

(a)器件结构;(b)器件 I/V 特性;(c)(d)器件发光光学显微图;(e)不同偏压下器件发光光学显微图;(f)器件稳定性测试

为器件表面的光学显微图。图 3-21(c)(d)为单个器件发光的光学显微图,可以清晰地看到石墨烯发光位置和形状。图 3-21(e)为石墨烯光源在不同偏压下发光强度光学显微图,可以发现偏压越大,石墨烯发光强度越大。图 3-21(f)为石墨烯光源在 4.2 V/μm 的偏压下沟道电流随时间的变化情况,可知在 10^6 s 时间内电流没有变化,表明了石墨烯光源的稳定性,这是由于氮化硼对石墨烯具有较好的保护作用。插图为石墨烯光源的发光情况,发光强度有所增加,这是由高温下石墨烯缺陷减少引起的。

图 3-22 为石墨烯光源的发光谱。图 3-22(a)为石墨烯光源在真空中不同偏压下的发光谱,发光范围从 600 nm 到 1 600 nm。当偏压为 5 V/μm 时,发光谱的峰值出现在 718 nm,在近红外区,光谱很平坦。插图为 5 V/μm 偏压时的发光器件的光学显微图。图 3-22(b)为石墨烯光源在空气中的发光谱和偏压的关系,实线是黑体热辐射的计算结果,和测试结果一致。插图为 4.3 V/μm 偏压时的发光器件的光学显微图。图 3-22(c)为石墨烯光源电子温度和输入功率的关系,最高温度可达 1 980 K,辐射效率为 3.45×10^{-6},比悬浮石墨烯光源的辐射效率低。

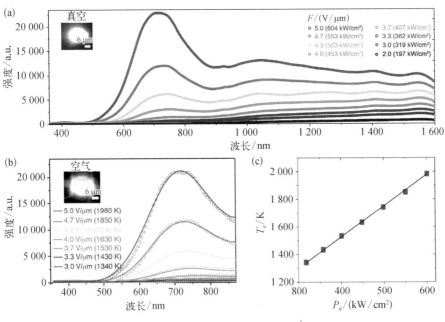

(a)真空辐射光谱;(b)空气辐射光谱;(c)电子温度与输入电功率的关系

将电信号直接调制到光源上,光源直接发射光脉冲,这样能够简化光通信系统,具有重要意义。图 3 - 23 给出了石墨烯光源直接调制发光的测试结果。图 3 - 23(a)为直接调制石墨烯光源发光示意图,可将电信号直接转换成光信号,只须在电极的直流偏置上叠加上我们需要传输的电信号即可实现。图 3 - 23(b)为石墨烯光源在交流电信号的作用下,发射光信号的强度波形图。可以发现光信号能够很好地展示电信号的信息。图 3 - 23(c)为石墨烯光源在单个电脉冲作用下发射的单个光脉冲的数据,单脉冲的半高宽为 92 ps,表明此石墨烯光源具有 10 GHz 的带宽,可实现超快光发射。

图 3 - 23　超快石墨烯光源

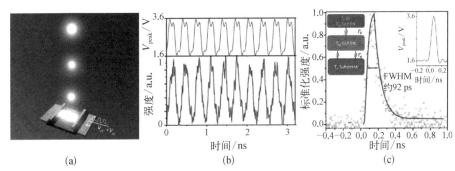

（a）石墨烯光源工作原理;（b）石墨烯光源发射周期光信号;（c）石墨烯光源在 80 ps 电脉冲作用下发射单个光脉冲数据

3.4　石墨烯辅助微环光调制器

微环本质上是环形谐振腔,可以挑选出需要的光波,可以对光场进行放大。环形谐振腔的谐振特性对材料折射率和损耗十分敏感。通过调制材料的折射率和损耗特性,可以实现对微环中传输光波的高效调制。由于微环尺寸较小,可实现小尺寸的光调制器,同时具有高消光比,在调制器领域具有重要的地位。石墨烯具有卓越的光、电和热学特性,将石墨烯引到微环表面,可以高效调节微环光学特性,有望研制出高性能的光调制器。

3.4.1 微环光调制机理

简单的微环谐振器由一个环形波导构成,由于具有反馈回路,当光波在微环内传播一周后,其相位改变量为 2π 的整数倍的波长的光会发生干涉增强,不满足此相位条件的光则会通过波导向前传输。对于半径为 R 的微环,其谐振波长由下式给出

$$\lambda = \frac{2\pi R n_g}{m} \tag{3-6}$$

式中,$n_g = n_{eff} - \lambda \partial n_{eff} / \partial \lambda$;$n_{eff}$ 为波导的有效折射率;m 为整数。硅材料的折射率随温度变化很明显,因此微环的谐振波长随温度变化很敏感,对于半径为 $2\ \mu m$ 的微环,温度变化 $1\ K$,谐振波长移动大于 $0.1\ nm$,且移动量随微环半径增大而增大。图 $3-24$ 为半径为 $2\ \mu m$ 的硅微环的透射谱随温度的变化,当温度为 $27^{\circ}C$ 时,谐振峰位置为 $1\ 608.9\ nm$;当温度升高到 $34^{\circ}C$ 时,谐振峰的位置为 $1\ 609.6\ nm$;当温度升高到 $38^{\circ}C$ 时,谐振峰的位置为 $1\ 610.3\ nm$。如果假设微环调制器的工作波长为 $1\ 608.9\ nm$,则当温度为 $27^{\circ}C$ 时,透射率为 1;当温度升高到 $34^{\circ}C$ 时,透射率接近 0。因此通过调节温度可以调制透射光的强度,实现光调制功能。将石墨烯引入到微环表面,通过石墨烯发热调节微环温度,这是石墨烯辅

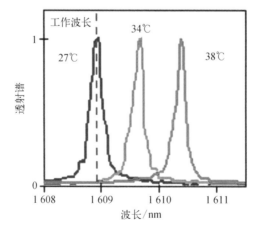

图 3-24 微环调制器的温度敏感性

石墨烯微电子与光电子器件

助微环热光调制器的原理。

除了温度变化可以调节光的透射谱,利用微环临界耦合条件也可以实现对光透射谱的调制。图 3 - 25 为光波透射率与微环透射系数的关系。设 t 为光在直波导中透射系数,α 为微环的透射系数。考虑到耦合作用,有

$$\begin{bmatrix} b_1 \\ b_2 \end{bmatrix} = \begin{bmatrix} t & k^* \\ -k & t \end{bmatrix} \begin{bmatrix} a_1 \\ a_2 \end{bmatrix}, \text{这里} \mid t \mid^2 + \mid k \mid^2 = 1, a_2 = \alpha b_2 e^{i\varphi} \quad (3-7)$$

图 3 - 25 临界耦合微环光调制器原理

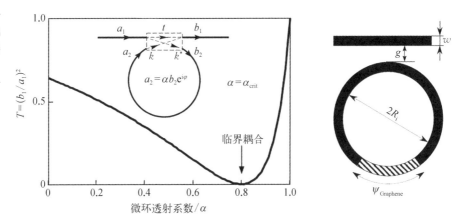

式中,a_1 为从直波导进入耦合区的光场振幅;a_2 为从微环进入耦合区的光场振幅;b_1 为从耦合区进入直波导的光场振幅;b_2 为从耦合区进入微环的光场振幅;k^* 为耦合系数共轭复数;k 为耦合系数;e 为自然指数;i 为虚数单位;φ 为相位差。

发生共振时 ($\varphi = m2\pi$),其透射率为

$$T = \left| \frac{b_1}{a_1} \right|^2 = \frac{(\alpha - \mid t \mid)^2}{(1 - \alpha \mid t \mid)^2} \quad (3-8)$$

当 $\alpha = t$ 时,谐振波长的透射率为 0;当 $\alpha = 1$ 时,谐振波长的透射率为 1。因此通过调节微环传输系数 α 可以对谐振光进行调制。在微环位置引入石墨烯,通过调节石墨烯的费米能级,可以调节石墨烯的光吸收系数,最终可以有效调节微环的传输系数,从而可以达到调制谐振光透射强度的目的,这也是石墨烯辅助

微环电光调制器的原理。

3.4.2　石墨烯辅助热光微环调制器

电流通过石墨烯,可以使石墨烯温度升高到 2 000 K,这是石墨烯发光的本质原因。石墨烯光源具有超快的发光速率(92 ps),这说明石墨烯的温度升高和降低都很快,因此石墨烯很适合做热源,制备高速热光微环调制器。图 3 - 26 为石墨烯辅助热光微环调制器的结构示意图。图 3 - 26(a)为器件的 3D 结构示意图,一根直硅波导和一个硅微环构成光的通路,石墨烯覆盖在微环表面,两电极布置在石墨烯上。在两电极上施加偏压,石墨烯中产生电流,温度升高,改变微环谐振波长,使工作波长的透射率发生变化,将连续光波调制成信号光脉冲。图 3 - 26(b)为硅微环中的光场模式分布,石墨烯和光场模式重合,能够高效调制微环的折射率。

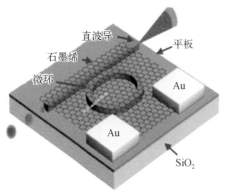
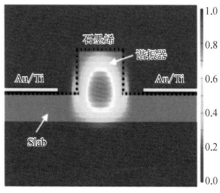

（a）器件三维结构和功能展示　　　（b）器件光场模式

图 3 - 26　石墨烯辅助热光微环调制器

图 3 - 27 给出了石墨烯的温度与偏压相关的模拟结果。图 3 - 27(a)为 7 V 偏压作用下石墨烯的温度分布,最高温度超过 70℃。图 3 - 27(b)为硅结构中的温度,最高温度接近 55℃。图 3 - 27(c)为硅微环温度与施加偏压的关系。图 3 - 27(d)为硅微环温度上升时间,插图显示温度上升时间小于 70 ns。

图 3 - 27 石墨烯
和微环温度模拟

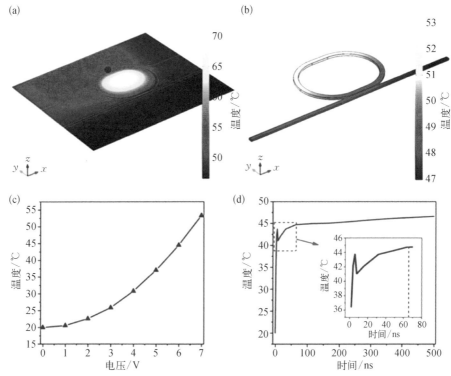

（a）石墨烯温度；（b）硅波导温度；（c）硅微环温度与石墨烯偏压的关系；（d）硅微环温度升高
与时间的关系

　　图 3-28 展示了器件的静态性能。图 3 - 28（a）为不同偏压下微环的透射
谱，可知偏压从 1 V 升高到 7 V，谐振波长从 1 555 nm 移动到 1 558 nm。图
3-28（b）给出了谐振波长与偏压的关系，以及微环品质因子和偏压的关系。图
3-28（c）为石墨烯电流随偏压的关系，电流随偏压线性增大，表明石墨烯和金
属电极为欧姆接触。对于波长为 1 554.8 nm 的光波，其透射率随偏压增大而增
大。图 3-28（d）给出了选取不同波长为工作波长时，器件的调制深度，最大可
达 7 dB。

　　由于石墨烯能够快速升温和降温，借助石墨烯有望获得调制速度最快的热
光调制器。图 3-29 为石墨烯辅助热光微环调制器的动态测试结果。图 3-29
（a）和（b）分别为光调制器对 100 kHz 电信号和 200 kHz 电信号的光响应波形，上
升时间和下降时间都小于 1 μs。

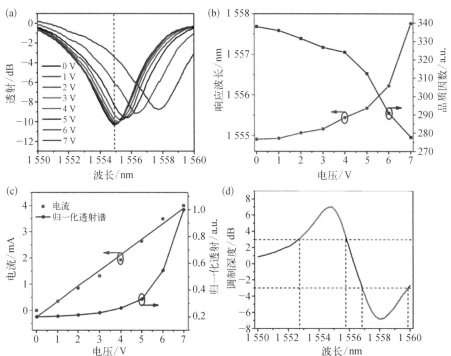

图 3-28 石墨烯辅助热光微环调制器静态测试结果

（a）不同偏压下的透射谱；（b）微环谐振波长和品质因子与偏压的关系；（c）器件 I/V 特性和 1 554.8 nm 光透射率与偏压的关系；（d）不同工作波长的消光比

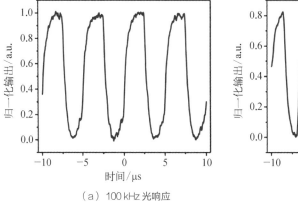

（a）100 kHz 光响应

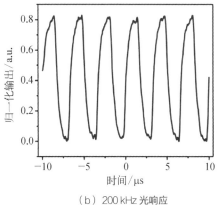

（b）200 kHz 光响应

图 3-29 石墨烯辅助热光微环调制器的动态测试结果

　　借助石墨烯，能够实现超快（1 MHz）的热光调制器，有源区尺寸为 10 μm^2，调制深度达到 7 dB，这充分利用了石墨烯和硅微环的优势，在片上光互连和片上传感领域具有广阔的应用前景。

3.4.3　石墨烯辅助电光微环调制器

利用微环临界耦合理论,通过改变微环传输系数,可以调节谐振波长的透射率。所谓传输系数就是光在微环中传输一周后剩下的光振幅与刚进入微环时光振幅的比值,传输系数越大,说明微环损耗越小,即微环品质因子越高。在微环表面布置石墨烯,可以通过改变石墨烯的光传输系数来调节微环的损耗系数,进而改变微环的传输系数,从而实现光调制。石墨烯的光吸收系数可以通过改变石墨烯的费米能级来实现。通过施加电场,对石墨烯中的载流子进行注入和抽取,可以有效改变石墨烯的费米能级,从而改变石墨烯的光吸收系数,进而改变微环的传输系数,最终实现调制谐振光透射率的功能。

图3-30为石墨烯辅助电光微环调制器结构示意图。图3-30(a)为器件3D结构示意图,石墨烯位于微环波导上,石墨烯和硅波导间具有氧化铝绝缘层,形成石墨烯-氧化铝-硅波导电容结构,通过在与石墨烯和硅分别连接的电极上施加偏压可调控石墨烯的费米能级,从而改变微环的传输系数。图3-30(b)为制作完成器件的表面光学显微图,图3-30(c)为器件有源区的 SEM 图,可以清晰地看到石墨烯铺在硅微环波导表面,两电极分别与硅和石墨烯相连。

图3-30　石墨烯辅助电光微环调制器结构

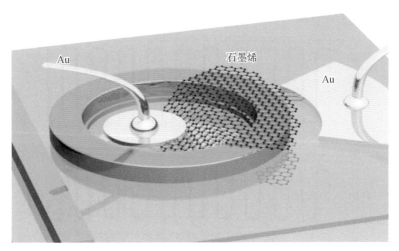

（a）3D结构示意图

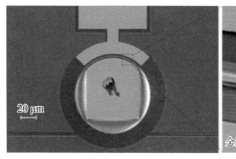
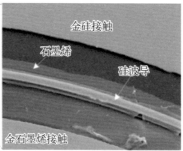

（b）器件表面光学显微图　　　　　　（c）器件核心区 SEM 图

图 3-31 给出了上述光调制器的测试结果。图 3-31(a)为不同偏压下的透射谱,谐振峰的强度发生改变。图 3-31(b)给出不同偏压下的调制深度,当偏压为 -8.8 V 时,调制深度达到 12.5 dB。图 3-31(c)为器件的动态测试结果,偏压

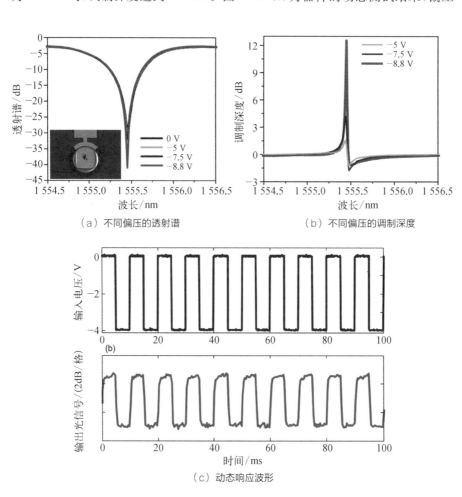

（a）不同偏压的透射谱　　　　　　（b）不同偏压的调制深度

图 3-31　石墨烯辅助电光微环调制器的测试结果

（c）动态响应波形

　　　　　　　　　　　　　　　　　　　　　　石墨烯微电子与光电子器件

从 - 4 V 到 0 V 变化,谐振光波的透射率的消光比达到 3.8 dB。此调制器的速率没有达到 GHz,这是器件具有巨大的 RC 常数的结果。

为了提高石墨烯辅助电光微环调制器的动态速率,需要降低调制器中电容结构的电容,同时降低器件的电阻。可以在微环光波导表面构建平坦的石墨烯-氧化铝-石墨烯结构,通过减小石墨烯交叠面积来降低器件电容,通过引入平坦化石墨烯减小器件电阻,最终提高光调制器的工作带宽。图 3 - 32 给出基于这一思想的石墨烯电光调制器的结构。图 3 - 32(a)为器件有源区结构示意图,石墨烯-氧化铝-石墨烯电容结构位于微环光波导的表面。图 3 - 32(b)为器件的截面示意图,光波导是基于氮化硅材料的,因为氮化硅材料具有很小的光损耗,有利于实现临界耦合。氮化硅波导表面是平坦的,这是借助化学机械抛光工艺实现的。石墨烯电容表面覆盖氧化硅一方面能够保护石墨烯不受环境影响,另一方面可以将光场引向石墨烯,增加光场和石墨烯的作用强度。图 3 - 32(c)给出了光场模式分布图,由图可知两层石墨烯位于光场较大的位置。图 3 - 32(d)为器

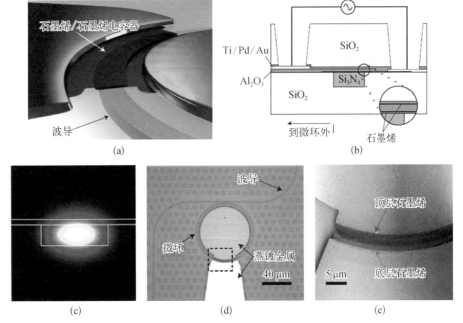

图 3 - 32　石墨烯辅助电光微环调制器

(a) 器件有源区结构;(b) 器件截面示意图;(c) 光场分布;(d) 器件全局光学显微图;(e) 器件有源区 SEM 图

件的全局光学显微图,图3-32(e)为器件有源区的 SEM 图,可以看到石墨烯和光波导。

图3-33 给出上述器件的测试结果。图3-33(a)展示不同偏压作用下的透射谱,偏压从 0 V 变为 -50 V,透射谱变化很明显,对于 1 569.9 nm 的光波,其透射率在 10 V 偏压变化下变化了 15 dB。图3-33(b)给出微环传输系数和微环品质因子与偏压的关系,随着偏压向 -50 V 变化,微环的传输系数由 0.45 增加到 0.7,相应的其品质因子由 800 增加到 1 200,这是由于随着偏压向 -50 V 变化,石墨烯的光吸收系数不断降低。图3-33(b)下图给出了不同偏压下消光比,随着偏压变到 -50 V,消光比不断增大。图3-33(c)给出器件的小信号电光响应,3 dB 带宽达到 30 GHz。图3-33(d)给出了 22 GHz 的眼图,表明石墨烯电光调制器能够正常工作在 22 GHz,这能够满足光通信系统对光调制器速率的要求。

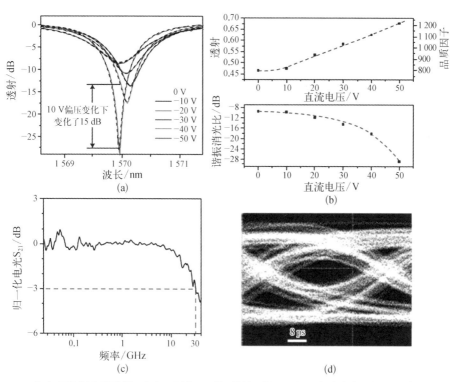

图3-33 石墨烯辅助电光微环调制器的测试结果

(a)不同偏压下透射谱;(b)不同偏压下微环传输系数、品质因子与消光比的变化;(c)器件小信号带宽;(d)器件 22 GHz 眼图

石墨烯微电子与光电子器件

3.5 石墨烯全光调制器

与电子相比,光子具有诸多优势,全光网络是未来信息网络的发展方向,全光调制器是全光网络的核心元件,因此研发高性能全光调制器具有重要的意义。石墨烯具有优异的光学性质,容易实现饱和吸收,是制作高性能全光调制器的理想材料。本小节介绍石墨烯全光调制器。

3.5.1 全光调制器机理

石墨烯费米能级的位置决定了石墨烯吸收光波长的范围,调节石墨烯的费米能级能够调制石墨烯对光的吸收。利用电容结构可以对石墨烯进行电子注入和抽取,可以改变石墨烯的费米能级。事实上,利用具有高功率密度的光与石墨烯相互作用时,石墨烯会出现饱和吸收现象,其费米能级位置也能被改变,从而有潜力实现对光的调制。图 3 - 34 展示的是石墨烯饱和吸收原理。当光功率较弱时,石墨烯狄拉克点附近的能带未被填满,石墨烯的光吸收率保持不变;当光

图 3 - 34 石墨烯
饱和吸收特性

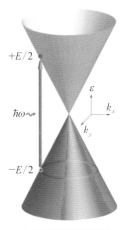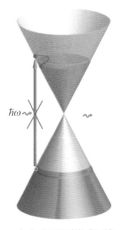

（a）石墨烯带间吸收　　　　（b）光生载流子再分布　　　（c）泡利阻塞效应导致
　　　　　　　　　　　　　　　　　　　　　　　　　　　　　　光饱和吸收

功率很强时,石墨烯狄拉克点附近的能带被填满,由于泡利阻塞效应,石墨烯不能继续吸收光子而实现饱和吸收。由此可知石墨烯饱和吸收时,费米能级的位置会发生变化,费米能级的高低和入射光子的能量有关,其值为入射光子能量的一半。

要实现全光调制,利用高光子能量的泵浦光照射石墨烯,改变石墨烯的费米能级位置,实现对低光子能量的信号光的调制。因此,可以利用泵浦光调制石墨烯的费米能级位置,从而调制石墨烯对信号光的吸收能力,这样可以用泵浦光调制信号光,实现全光调制。全光调制的原理如图3-35所示。图3-35(a)为无泵浦光时,石墨烯能够吸收信号光,信号光透过率为0,为关闭状态。图3-35(b)为有泵浦光时,石墨烯的费米能级很高,信号光不能被石墨烯吸收,信号光透过率为1,为打开状态。

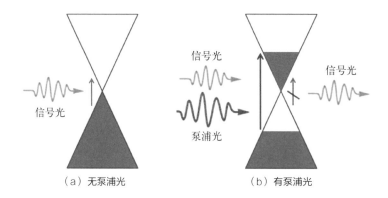

（a）无泵浦光　　　　　　（b）有泵浦光

图 3 - 35　石墨烯全光调制器原理

3.5.2　石墨烯全光调制器

单层石墨烯与空间光相互作用,只能吸收2.3%的光能量,要实现石墨烯饱和吸收,需要空间光具有较大的光功率密度。为了降低所需的光强度,需要利用微腔结构将光场放大。光纤是天然的光学微腔,能够大大提高光的功率密度。将石墨烯包覆在光纤的周围,有望实现全光调制。图3-36为光纤辅助石墨烯全光调制器工作的数据。图3-36(a)为全光调制器的结构示意图,石墨烯包覆微米光纤,光纤直径 1.2 μm,是将传统单模光纤拉长获得的。图 3–36(b)为器件的静态测试结果,随着光功率密度的增大,光的透射率增加。图 3–36(c)为器件的动态特性,用 789 nm 的泵浦光脉冲通过光纤,信号光的响应时间为 2.2 ps,对应 3 dB 带宽为 200 GHz,即可实现超高速光调制。

图 3–36 石墨烯全光调制器

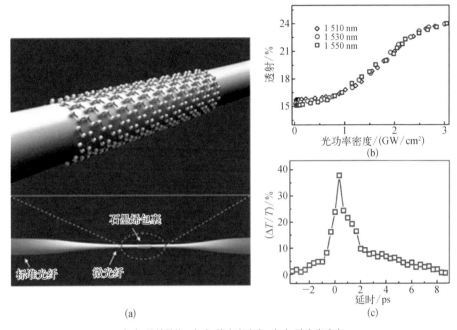

(a)

（a）器件结构；（b）静态光响应；（c）动态光响应

3.5.3 石墨烯全光调制的应用

基于石墨烯的全光调制可用于将能量密度低的时域光信号损耗掉,将能量密度高的时域光信号保留,这就是饱和吸收体的漂白功能。利用石墨烯的饱和吸收特性,可实现锁模激光器。图 3–37 为基于石墨烯的锁模激光器的系统结构示意图。泵浦激光激活掺铒光纤,实现信号光放大,信号光通过石墨烯时,强光被保留,弱光被吸收,强光越来越强,弱光越来越弱,最终输出时域光脉冲。

图 3–38 为锁模激光器测试结果。图 3–38(a)为输出时域光脉冲,图 3–38

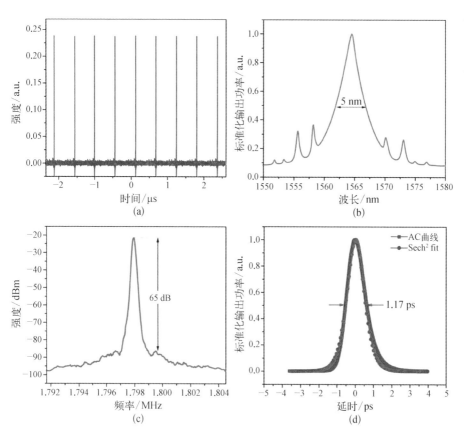

图 3 - 37　基于石墨烯的锁模激光器系统示意图

（b）为输出信号光谱，图 3 - 38（c）为光脉冲的频谱，图 3 - 38（d）为时域光脉冲的宽度，图 3 - 38（e）为输出信号光功率随输入泵浦光信号的变化，图 3 - 38（f）为模拟结果，和测试结果符合。

图 3 - 38　锁模激光器测试结果

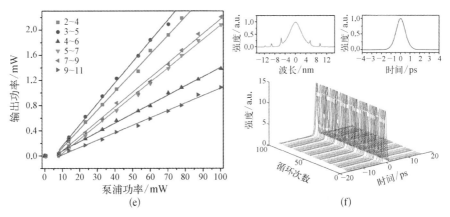

(a) 输出时域光脉冲;(b) 输出信号光谱;(c) 光脉冲的频谱;(d) 时域光脉冲的宽度;
(e) 输出信号光功率随输入泵浦光信号的变化;(f) 模拟结果

事实上,很多材料都具有饱和吸收特性,都可以用来制作锁模激光器。但是石墨烯具有最低的饱和吸收阈值,在较低光功率密度的泵浦光作用下就能够实现饱和吸收,这是石墨烯被用于锁模激光器的优势所在。目前的石墨烯锁模激光器都是基于光纤微腔结构,其尺寸较大,锁模光脉冲频率较低,要实现更高频率的光脉冲,需要降低微腔长度。将石墨烯与三五族激光器结合,有望实现小尺寸高频率的锁模激光器,我们拭目以待。

第 4 章

石墨烯光电探测器

4.1　引言

在现代社会,将光信号高效地转换为电信号推动着光通信技术、成像技术和智能技术的快速发展,光电探测器为实现这一光电转换功能的核心器件。基于传统的半导体材料硅、锗和砷化镓,大量光电探测器的科研成果被产业界认可,其产品广泛服务于现代社会,促进人们生活水平的提高。石墨烯作为一种新材料,具有超高载流子迁移率、超高光吸收系数和光电转换效率,可以用于研制高速高灵敏度的光电探测器。此外,石墨烯具有零带隙,不存在光学盲区,可以研制出具有超宽光学带宽的光探测器,单支器件可以同时探测紫外到 THz 波段的光信号。由此可知,基于石墨烯的光电探测器具有巨大的应用潜力。

4.2　石墨烯光电转换特性

4.2.1　光电转换过程介绍

光电探测器实现光电转换主要涉及三个过程:首先是探测器有源区材料吸收光产生电子空穴对,然后是电子空穴对在有源区的扩散和漂移,最后是电子空穴对被外电极收集从而产生对外电信号。这三个过程决定光电探测器的最终性能。下面通过这三个过程叙述石墨烯材料实现光电转换的优势。

(1) 光吸收产生电子空穴对

信号光照射到光探测器有源区材料时,只要光子能量大于有源材料能带宽度,有源材料价带的电子就会跃迁到导带,从而产生电子空穴对。材料吸收光子的低能截止波长满足式(4-1),其中 E_g 为有源区材料带隙能。

$$\lambda = \frac{1.24}{E_g} \tag{4-1}$$

依照此公式,对于硅材料,常温下其带隙为 1.12 eV,对应的吸收截止波长约为 1.1 μm;对于砷化镓材料,常温下其带隙为 1.42 eV,其对应的吸收截止波长约为 0.87 μm。由于石墨烯材料具有狄拉克锥能带结构,其带隙为零,理论上无缺陷石墨烯能够吸收任意小能量的光子,这为实现超宽光学带宽光探测器奠定了理论基础。

图 4-1 为石墨烯吸收光子产生电子空穴对的示意图。电子吸收光子从价带垂直跃迁到导带,从而在导带出现一个电子,在价带出现一个空穴,产生了电子空穴对。

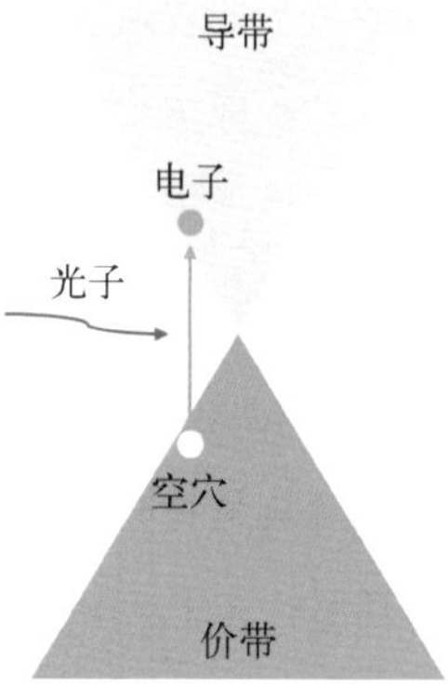

图 4-1 石墨烯材料吸收光子产生电子空穴对

对于价带全满、价带全空的情形,石墨烯能够吸收能量非常小的光子,实验上已实现对 THz 波段光子的吸收。现阶段利用石墨烯已经制备了从 THz 波段到紫外波段的光探测器,这是其他传统半导体材料望尘莫及的。

(2) 电子空穴对扩散与漂移

光探测器有源区材料吸收光子,产生电子空穴对后,电子空穴对要分别向两个外电极运动,运动的快慢决定了探测器的光响应带宽。载流子运动源于浓度差导致的扩散和电场作用下的漂移,其运动的快慢和材料载流子迁移率密切相关。迁移率越高,载流子运动越快,最终光探测器的电学带宽越高。石墨烯具有超高的载流子迁移率,实验上达到了 1 000 000 cm^2/(V·s),几乎为硅材料的 1 000 倍,这为实现高电学带宽的光探测器提供了理论基础。事实上,基于石墨烯探测器的电学带宽只受到器件时间常数的限制,理论上可达 500 GHz。

(3) 电极收集电子空穴对

电子、空穴分别运动到电极位置,需要越过金属电极和有源材料的接触势垒,才能最终形成对外有效电信号。为了提高金属电极对光生载流子的收集效率,需要降低势垒高度或者减小势垒宽度。形成金属电极和有源材料欧姆接触是一种有效的解决方法。石墨烯作为一种半金属材料,能够和电极材料充分接触,减小接触电阻,提高电极对石墨烯中光生载流子的收集效率,从而获得较高的光响应度。

4.2.2 石墨烯光电探测机理

石墨烯材料在光照作用下电导率的高效变化能够实现高效的光电转换功能。石墨烯实现光探测的物理机制主要包括:光伏效应、光热电效应、光热效应、等离子波辅助效应和光场栅效应,其中前四种效应原理如图 4-2 所示。

图 4-2 石墨烯光
电响应机制示意图

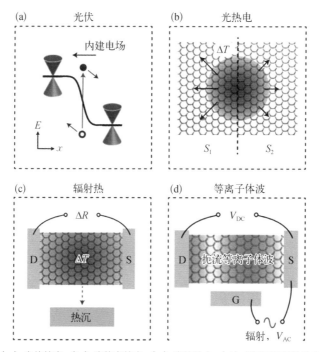

(a) 光伏效应;(b) 光热电效应;(c) 光热效应;(d) 等离子波辅助效应

光伏光电流产生的机制是石墨烯吸收光子后产生的电子空穴对在电场作用下分离,最终被电极收集。发挥重要作用的电场可以是石墨烯 pn 结界面产生的电场,或者是不同掺杂水平石墨烯界面产生的电场,也可以是外加源漏偏压产生的电场。其光电流可表示为

$$I_{ph} = AVq\mu\Delta n \qquad (4-2)$$

式中,A 为 GPD 中存在电场梯度的石墨烯面积,也可定义为有源区面积;V 为有

源区两端石墨烯的电势差;μ 为石墨烯材料中光生载流子的迁移率;Δn 为单位面积光生载流子的浓度。

由式(4-2)可知,光电流正比于载流子迁移率,因此石墨烯因具有超高载流子迁移率而非常适合用作光电探测器有源区材料。

光热电光电流的产生来源于石墨烯吸收光子后产生的热载流子,热载流子使石墨烯不同区域具有不同的电子温度,在赛贝克效应发挥作用时产生对外光电流。材料的赛贝克系数(S)对光热电电流的大小有重要影响,其可定义为

$$S = -\frac{\pi^2 k_b^2 T}{3q} \frac{1}{\sigma} \frac{d\sigma}{dV_{gs}} \frac{dV_{gs}}{dE}\bigg|_{E=E_F} \qquad (4-3)$$

式中,k_b 为玻尔兹曼常数;T 为材料温度;σ 为材料电导率;V_{gs} 为栅压;E_F 为费米能级能量。由式(4-3)可知,当材料的电导率随栅压增大而增大时,S 为负值;当材料电导率随栅压增大而减小时,S 为正值。光热电光电流(I_{PET})可表示为

$$I_{PET} = \frac{S_2 - S_1}{R} \Delta T \qquad (4-4)$$

式中,S_2 和 S_1 为不同光照区域材料的赛贝克系数;R 为材料的电阻;ΔT 为光照区域材料和非光照区域材料的温度差。由式(4-4)可知在温度差固定的条件下,不同区域材料赛贝克系数相差越大,光热电光电流越大。结合式(4-3)和式(4-4)可知,当石墨烯材料为 p 型掺杂时,S 为正值;当石墨烯材料为 n 型掺杂时,S 为负值。在石墨烯 pn 结界面照射光信号,能够高效地产生光热电光电流。

光热效应发挥作用时,石墨烯中不涉及光生载流子,光照导致石墨烯电导率的变化,本质是光将石墨烯加热,随后石墨烯中载流子的浓度和迁移率会产生变化,因此在固定源漏偏压作用下,流过石墨烯的电流发生变化,从而实现光探测。如果给 GPD 施加固定电流 I_{DC},则相应光响应可表示为

$$\Delta V = I_{DC} \Delta R = I_{DC} \frac{dR}{dT} \Delta T \qquad (4-5)$$

式中,ΔV 为石墨烯沟道电压差变化;R 为石墨烯沟道电阻;ΔT 为石墨烯沟道温度变化。由式(4-5)可知,石墨烯的电阻随温度的变化率决定了光热响应的大

小。由于石墨烯为零带隙半导体,其具有较大的电阻温度系数,因此其适合制作高灵敏度热辐射探测器。

Dyakonov 和 Shur 等提出利用 FET 产生的直流电压来探测交流辐射场,主要用于对 THz 光信号的探测。L. Vicarelli 等利用 GFET 实现了室温下工作的 THz 探测器,其工作机制是 GFET 沟道中的载流子在交流辐射场的作用下形成等离子体波,产生对外直流电压,其可表示为

$$\Delta V \propto \frac{1}{\sigma} \frac{\mathrm{d}\sigma}{\mathrm{d}V_{gs}} \qquad (4-6)$$

式中,σ 为电导率。由式(4-6)可知光响应正比于沟道石墨烯电导率对栅压的变化率。由于石墨烯的电导率极易可调,因此利用石墨烯能够实现高效的 THz 光探测。

图 4-3 展示了基于光场栅效应的 GPD 的器件结构和工作机制示意图。此种结构 GPD 的光探测原理为:入射光信号被量子点吸收产生电子空穴对,其中空穴通过石墨烯和量子点的界面转移到石墨烯沟道,此空穴在源漏偏压形成的电场作用下形成对外电流。图 4-3(b)表明了光场对石墨烯的掺杂作用,此种光探测器借助量子点较长的载流子寿命,能够实现石墨烯中超高的载流子增益,有潜力实现单光子探测。

图 4-3 光栅效应
实现光探测

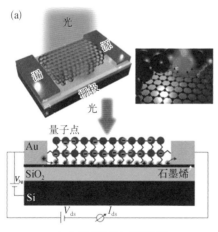

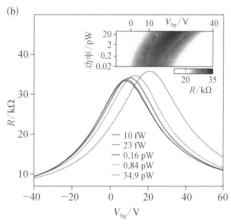

(a) 器件结构与探测机理　　　　　(b) 不同光功率作用下石墨烯电阻随背栅压的变化

4.3　高速石墨烯光电探测器

　　石墨烯材料中载流子能够成为无质量的狄拉克费米子,具有超高的载流子迁移率和超高饱和速度,因此石墨烯是一种能够实现高速光探测的杰出光电材料。

4.3.1　表面入射石墨烯光电探测器

　　2009 年,F.N. Xia 等研制出了世界上第一只 GPD,利用信号光照射 GPD 电极附近的石墨烯,实现了 40 GHz 的电学带宽,理论上可实现 500 GHz 光信号的探测,实验如图 4‑4 所示。然而由于第一只 GPD 具有对称电极结构,不适合探测具有大尺寸模斑的光信号,例如单模光纤中传输的光信号,因此第一只 GPD 不能用于光通信系统。为了解决这一问题,T. Mueller 等引入两种电极材料制备 GPD,实现零偏压下 6.1 mA/W 的光响应度和 16 GHz 的电学带宽,其研究内容如图 4‑5 所示,图 4‑5(b)插图为器件能带图,电子从钯流向钛。

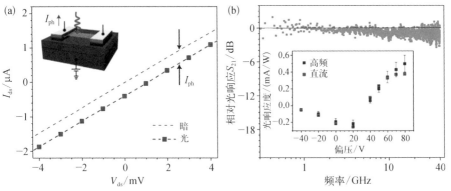

图 4‑4　世界上第一只 GPD

　　（a）黑暗和光照条件下 GPD 的伏安特性（插图为 GPD 结构和测试示意图）；（b）GPD 动态光响应带宽（插图为光响应度和栅压的关系）

图 4-5 基于不同电极材料的 GPD

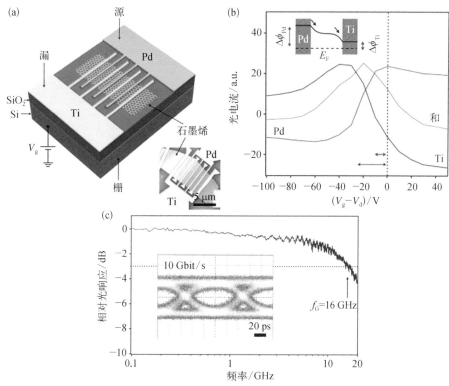

（a）GPD 结构示意图和器件光学显微图；（b）零偏压下 GPD 光电流随栅压变化；（c）GPD 电学带宽及 10 GHz 眼图

4.3.2 波导集成石墨烯光电探测器

由于空间光信号照射到 GPD 有源区，只有 2.3% 的光功率被吸收，为了提高 GPD 中石墨烯对光信号功率的吸收能力，从而提高 GPD 的光响应度，A. Pospischil 等和 X.T. Gan 等几乎同时将光波导引入 GPD，实现了波导集成 GPD，大大提高了 GPD 的光响应度，利用入射光场关于源漏电极不对称特性分别实现零偏压下 50 mA/W 和 15.7 mA/W 的光响应度，其研究内容如图 4-6 所示。为了在获得高响应度的同时提高 GPD 的电学带宽，2015 年，R.J. Shiue 等将氮化硼包裹石墨烯引入波导集成 GPD，实现了 42 GHz 的电学带宽；2016 年，

S. Schuler等将石墨烯pn结引入波导集成GPD,实现了65 GHz的电学带宽,相关工作器件结构如图4-7所示。

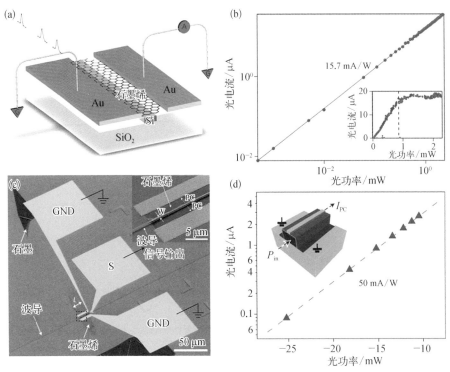

图4-6 波导集成GPD

（a）GS结构GPD;（b）零偏压光电流随光功率的变化;（c）GSG结构GPD;（d）零偏压光电流随光功率的变化（插图为GPD工作示意图）

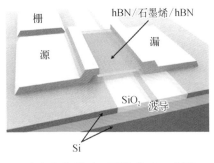

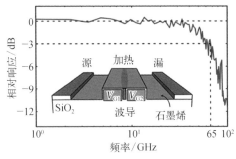

图4-7 高速波导集成GPD

（a）氮化硼包裹石墨烯用作GPD有源区   （b）石墨烯pn结与狭缝光波导集成

石墨烯微电子与光电子器件

4.4　高灵敏度石墨烯光电探测器

以石墨烯作为光吸收材料制作表面入射光电探测器的光响应度在 mA／W 量级;将石墨烯与光波导集成,能够将光响应度提高到 100 mA／W 量级。要进一步提高光探测器的响应度,需要引入增益机制。然而石墨烯材料没有带隙,无法实现载流子的雪崩倍增,只能另辟蹊径。将石墨烯和其他半导体材料异质集成,以其他半导体材料为光吸收材料,其光生载流子通过电荷转移或者电场效应来改变石墨烯沟道的电阻,从而实现光探测功能。由于异质界面通常具有电子(空穴)陷阱,使光生载流子的寿命增长,最终使空穴(电子)在石墨烯沟道穿梭多次,实现高增益。基于这一原理,可以制备高响应度的石墨烯光电探测器。

4.4.1　石墨烯／半导体材料异质增强

硅材料和锗材料作为最常见的两种传统半导体材料,广泛应用于半导体产业。受益于成熟的半导体工艺,基于传统半导体材料开发高性能光探测器具有成本优势。基于硅或者锗材料的光探测器的光响应度通常小于 1 A／W,为了进一步提高光响应度,可以引入雪崩击穿效应,然而这需要施加很大的偏压,致使这种探测器不能广泛应用于日常生产中。因此研制出能够小偏压工作且具有高光响应度的光探测器具有重要意义。将石墨烯布置在硅或者锗材料的表面,将光探测器的源漏电极布置到石墨烯表面,就可以实现高响应度的光探测。

图 4-8 为石墨烯／硅异质结构光探测器结构和工作原理示意图,入射光被硅材料吸收产生电子空穴对,在界面电场的作用下,空穴迁移到石墨烯中。由于石墨烯通常是 p 型掺杂的,光生空穴的注入,进一步增加石墨烯沟道空穴浓度,增加石墨烯沟道电导,

图 4-8　石墨烯／硅异质结构光探测器结构示意图

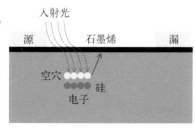

入射光
源　　　　石墨烯　　　　漏
空穴
硅
电子

导致沟道电流增大。由于光生电子在界面电场的作用下,被限制在硅中,降低了光生电子空穴对的复合概率,致使石墨烯沟道中的非平衡空穴在电路中流动多个周期,从而实现了电增益,最终实现非常高的光响应度。

受限于硅材料的较宽带隙,石墨烯/硅异质结构光探测器只能实现可见到近红外的光探测。为了进一步将探测波长延伸到非常重要的 1 550 nm 波段,可以利用具有较窄带隙的锗材料代替硅材料。锗材料的带隙在室温下为 0.67 eV,能够有效吸收 1 550 nm 光信号。将石墨烯和锗材料异质集成,制备宽带高响应度光探测器。图 4-9 为石墨烯/锗异质结构光探测器的介绍。图 4-9(a)为在锗薄膜(厚度为 20 nm)表面制备的 GPD 的三维结构示意图。锗薄膜是通过转移键合的方式布置到氧化硅片表面,电极使用的是 Ni/Au 双层金属。图 4-9(b)为制备完成的器件表面光学显微图。图 4-9(c)为石墨烯/锗薄膜的拉曼光谱,测试结果表明石墨烯和锗材料的兼容性很好,锗表面的石墨烯的质量未受到影响。图 4-9(d)给出了

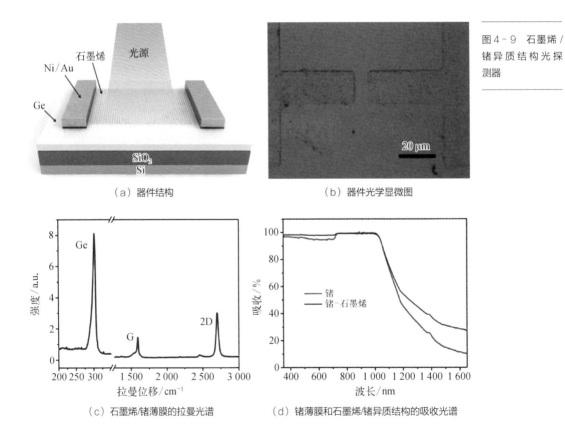

图 4-9 石墨烯/锗异质结构光探测器

(a) 器件结构

(b) 器件光学显微图

(c) 石墨烯/锗薄膜的拉曼光谱

(d) 锗薄膜和石墨烯/锗异质结构的吸收光谱

锗薄膜的吸收光谱和石墨烯/锗异质结构的吸收光谱,结果显示 20 nm 厚的锗薄膜对 1 600 nm 入射光的吸收率达到 10%,表明其具有较强的红外光吸收性能。同时单层石墨烯的引入大大增强了对红外光的吸收能力,其对1 600 nm 的入射光的吸收率提高了 30%,这表明了石墨烯具有更好的光吸收特性。然而考虑到单层石墨烯对光的吸收率为 2.3%,这里石墨烯的引入,对1 600 nm 入射光的吸收增加了 20%,表明石墨烯/锗异质薄膜的确能够实现光场的干涉放大,增强光和异质薄膜的相互作用,从而实现增强光吸收,最终提高光探测器的光响应度。

图 4-10 给出石墨烯/锗异质增强探测器的测试结果和增强原理。图 4-10(a)给出了锗探测器(黑线)和石墨烯/锗异质结构探测器(红线)在可见光照射下的光电流和源漏偏压的关系,我们可以发现石墨烯的引入使光电流增大了 3 倍多。图 4-10(b)给出了在近红外光照射下,锗探测器(黑线)和石墨烯/锗异质结

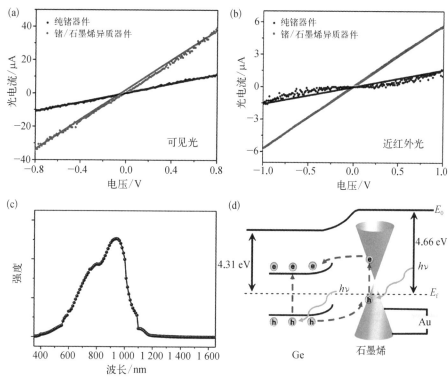

图 4-10 石墨烯/锗异质增强探测器的测试结果和增强原理

(a)可见光照射下锗探测器与石墨烯/锗异质结构探测器光电流随偏压的变化;(b)近红外光照射下锗探测器与石墨烯/锗异质结构探测器光电流随偏压的变化;(c)石墨烯/锗异质结构探测器光响应强度和波长的关系;(d)光照下石墨烯与锗的能带图

构探测器(红线)的光电流和源漏偏压的关系,石墨烯的引入,使光响应度增大了接近 4 倍。图 4-10(c)给出了石墨烯/锗异质结构光探测器对不同波长光信号的响应度相对值,结果表明光探测器的响应峰值在 900 nm 附近,响应范围为 400~1 600 nm,实现了宽谱高响应度光探测。图 4-10(d)给出了光照时,石墨烯/锗异质结构界面处的能带图。石墨烯和锗同时吸收入射光产生电子空穴对,其中石墨烯中产生的电子在界面内建电场的作用下转移到锗薄膜中,同时锗薄膜中产生的空穴转移到石墨烯中。由于石墨烯在通常工艺条件下是 p 型掺杂,光照时,大量空穴转移到石墨烯沟道中,使石墨烯沟道的电导率增大,使沟道电流增大,因此得到正的光电流。

图 4-11 给出了石墨烯/锗异质结构光探测器的动态响应特性和不同波长入射光的光响应度测试结果。图 4-11(a)给出了不同光功率下,光电流随偏压的变化情况,结果表明,探测器产生的光电流随偏压增大而线性增大,这是由于光生载流子的迁移率随外加电场的增加而线性增加。同时光电流随光功率的增大而增大,这是由于随着入射光功率的增大,石墨烯/锗异质薄膜中产生的电子空穴对增多。结果还表明,光电流并没有随着光功率的增大而线性增大,并且随着光功率的增大,光电流出现了饱和现象,这是由于石墨烯具有较低的态密度。图 4-11(b)给出了光探测器在方波光信号作用下的动态光响应特性,由图可知光电流为正值,光响应的上升时间和下降时间分别为 5.6 ms 和 3.5 ms。较慢的响应时间是由石墨烯/锗薄膜界面的陷阱态导致的,光生电子被陷阱态捕获,增加了光生载流子的寿命,从而增加了光探测的响应时间和恢复时间。然而这种陷阱的存在也带来了惊喜,这种缺陷态能够增大光探测器的光电导增益,从而提高石墨烯/锗异质结构探测器的光响应度,达到几十 A/W,如图 4-11(c)所示。图 4-11(d)给出了光探测器在不同照射光波长和不同光功率时的光电导增益,光电导增益最大可到 100 多,这意味着吸收一个光子,产生的光电流是正常吸收 100 多个光子产生的光电流。

以上介绍的是石墨烯和第一代半导体材料异质集成的高响应度光探测器,事实上,还可以将石墨烯和砷化镓、磷化铟等第二代半导体以及碳化硅、氮化镓等第三代半导体异质集成,制备不同波段的高响应度光探测器。

图4-11　石墨烯/
锗异质结构光探测
器性能测试

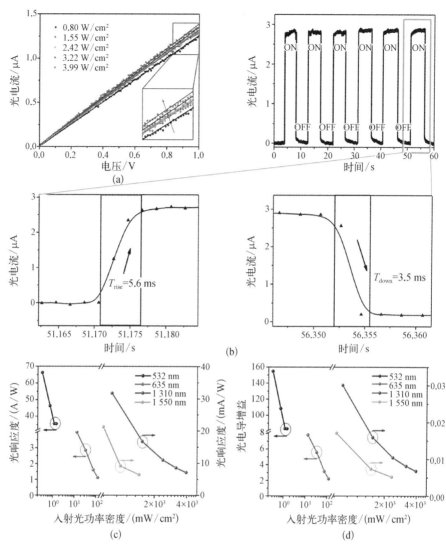

（a）不同光功率密度下光电流随偏压的变化；（b）动态光响应；（c）光响应度随光功率密度变
化；（d）光电导增益随光功率密度变化

4.4.2　石墨烯/半导体量子点薄膜异质增强

　　量子点其实是一种纳米级别的半导体，其三个维度上的尺寸都不大于其对
应的半导体材料的激子玻尔半径的两倍，形状一般为球形或类球形，直径常在

2～20 nm 范围内,常见的量子点有硅量子点、硫化镉量子点和硫化铅量子点。量子点在小尺度内具有完美的晶体结构,具有优异的光电特性,其光电转换效率很容易达到 90% 以上。量子点的合成工艺十分简单,同时可以通过旋涂的方式将量子点薄膜布置到其他材料的表面,获得异质结构,因此利用量子点制作光电器件具有成本低的优势。本节介绍通过在石墨烯表面引入量子点薄膜,增强石墨烯光响应度的工作,主要涉及硫化铅量子点和硅量子点。

图 4-12 为石墨烯/硫化铅量子点异质集成探测器结构示意图。硅衬底表面具有 300 nm 的氧化硅介质层,通过机械剥离的方式在氧化硅层表面制备高质量单层石墨烯,通过旋涂的方式将硫化铅量子点薄膜布置到石墨烯沟道表面,薄膜厚度为 80 nm。入射光照射探测器沟道,硫化铅量子点吸收光子产生电子空穴对,其中空穴受到界面内建电场的作用会转移到石墨烯中。由于量子点的内量子效率很高,能够达到 90%,即量子点吸收 100 个光子会产生 90 对电子空穴。由于量子点和石墨烯的界面接触良好,产生的 90 个空穴中有 25 个成功转移到石墨烯沟道中,因此光照射石墨烯沟道能够大大增大沟道的电导率。

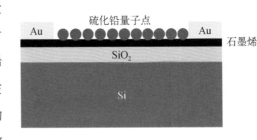

图 4-12 石墨烯/硫化铅量子点异质集成探测器结构示意图

图 4-13 为光探测器的表面光电流图,白色线框为源漏电极边界,插图为器件表面的光学显微图。可以发现光电流在石墨烯和量子点交叠的部分达到最大,在中心位置达到最大。这是由于在中心位置石墨烯和量子点的接触比较均匀。在石墨烯和电极界面处,由于电极较厚,在旋涂量子点时,电极附近的成膜特性较差,因而光响应度降低。事实上,通常的金属-石墨烯-金属光探测器的光电流主要分布在石墨烯和金属的界面处,这是由于在石墨烯/金属界面处产

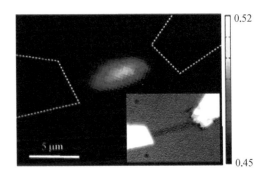

图 4-13 石墨烯量子点异质结构光探测器的表面光电流图

生了内建电场,将光生载流子分离,从而实现了光探测。这里引入硫化铅量子点后,光电流能够在探测器沟道中均匀产生,这提高了石墨烯探测器有源区的利用率。这里使用的激光束的波长为 532 nm,光斑半径为 500 nm,光功率为 1.7 pW,所加源漏偏压为 10 mV。最大光电流为 0.52 μA,其对应的光响应度为 3×10^5 A/W,由此可见在石墨烯表面引入硫化铅量子点能够将石墨烯的光响应度提高 8 个数量级。

图 4-14 为引入不同尺寸量子点时,探测器的光响应度随波长的变化。当选择小尺寸量子点时,量子点的吸收谱峰值在 950 nm,因此其能够增强探测的波长范围为 600~1 100 nm,响应度最大为 10^7 A/W。当选择尺寸较大的量子点时,量子点的吸收谱峰值出现在 1 450 nm,其可增强探测的波长范围为 600~1 600 nm,响应度最大为 10^6 A/W。因此,为了进一步增大石墨烯/硫化铅量子点异质结构光探测器的响应光谱范围,可以同时引入不同尺寸大小的量子点到石墨烯沟道表面,不同尺寸的量子点具有不同的吸收峰值波长,可实现超宽谱光吸收,最终实现具有超宽谱高响应度的光探测。

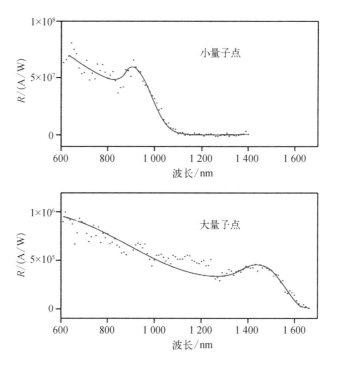

图 4-14 小量子点和大量子点光响应度随波长的变化

图 4-15 为石墨烯/硫化铅量子点异质结构光探测器的光电特性及工作机理。图 4-15(a) 为不同光功率作用下器件沟道电阻随栅压的变化,即器件的转移曲线。可以发现器件沟道电阻随栅压先增大后减小,这是由于石墨烯的费米能级在电场作用下移动的结果。当栅压为较大负值时,石墨烯为 p 型重掺杂;随着栅压的增大,即绝对值减小,石墨烯 p 掺程度下降,沟道电阻增大;当栅压进一步增大,石墨烯的费米能级会接近甚至达到狄拉克点位置,此时石墨烯沟道的载流子浓度达到最小值,石墨烯沟道的电阻达到最大值;当栅压达到狄拉克电压并进一步增大时,石墨烯的导电类型变成 n 型,且掺杂浓度不断增大,因此沟道电阻会减小。当利用不同功率的光照射石墨烯沟道时,会有不同浓度的光生空穴转移到石墨烯沟道中,因此石墨烯沟道的掺杂浓度受到光场的调制,并且随着光

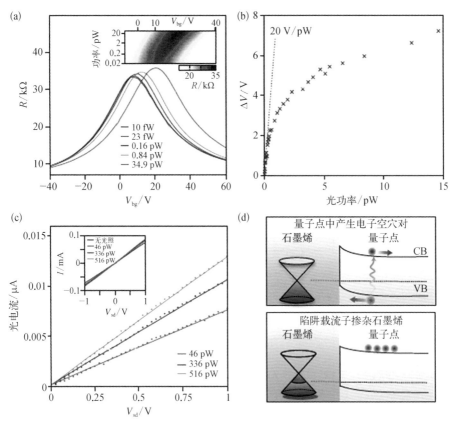

图 4-15 石墨烯/硫化铅量子点异质结构光探测器的光电特性及工作机理

(a) 沟道转移曲线随光功率的变化;(b) 转移曲线狄拉克点变化量与光功率的关系;(c) 不同光功率时光电流随偏压的变化;(d) 光照时石墨烯与量子点能带图

　　　　　　　　　　　　　　　　　　　　　石墨烯微电子与光电子器件

功率密度的增大,p型掺杂强度越大。因此在光照作用下,石墨烯沟道的狄拉克电压增大,狄拉克点向右移动。且狄拉克电压变化量随光功率密度增大而增大,如图 4-15(b)所示,在光功率密度较小时,狄拉克电压变化满足 20 V/pW。图 4-15(c)给出了不同功率入射光照射下,光电流随偏压的变化。可知光电流随偏压成正比,同时随光功率的增大而增大,但是会出现饱和现象。插图是沟道电流在不同功率光照射下随偏压的变化,由此可知在无光照作用下和有光照作用下,沟道电流变化并不是很明显,这是由于石墨烯没有带隙。图 4-15(d)给出了石墨烯和硫化铅量子点界面的能带图。光照时,硫化铅量子点吸收光子,产生电子空穴对,其中空穴转移到石墨烯中,电子留在量子点中。由于量子点具有电子陷阱态,使电子的寿命延长,因此在光生电子空穴对复合前,光生空穴已经在石墨烯沟道中输运过很多次,其次数可由电子寿命除以空穴在沟道中的渡越时间得到。由于石墨烯具有超高的载流子迁移率,其渡越时间可为 ns 量级,而陷阱态的寿命为 ms 甚至 s 量级,因此光电导增益可达 $1 \times 10^7 \sim 1 \times 10^9$。

图 4-16 为石墨烯/硫化铅量子点异质结构光探测器的性能测试。图 4-16(a)展示的是探测器具有可调的光响应度,意味着可以通过调节栅压来控制探测器的光响应特性,这得益于石墨烯具有可调的费米能级。在较大负栅压作用下,石墨烯费米能低于硫化铅量子点的价带能,阻止了硫化铅中产生的空穴向石墨烯中转移,从而没有光电导增益;当调节栅压,费米能级穿过狄拉克点时,石墨烯由 p 型掺杂变成 n 型掺杂,此时石墨烯中没有空着的空穴态供硫化铅量子点产生的空穴占有,从而没有光电导增益。图 4-16(b)给出了探测器在动态光照作用下的动态光响应特性,当照射激光关闭时,光电流下降,时间超过 300 ms;当激光开启时,光电流迅速上升,时间为 10 ms。光响应下降时间较长的原因是光照停止时,石墨烯中的过剩空穴不能及时转移到硫化铅量子点中,可以通过施加重置栅压来加快空穴的转移过程。加负栅压,降低石墨烯的费米能级,使石墨烯中的空穴能够快速地转移到硫化铅量子点中,同时硫化铅量子点中的电子也会顺利地转移到石墨烯中,加快系统过剩电子空穴的复合。由图 4-16(b)可知通过施加重置栅压,可以将光响应恢复时间降低到 10 ms。图 4-16(c)给出了石墨烯/硫化铅量子点异质结构光探测器的光响应度随光功率的变化。测试结果表明最大光响应度能够达到 4×

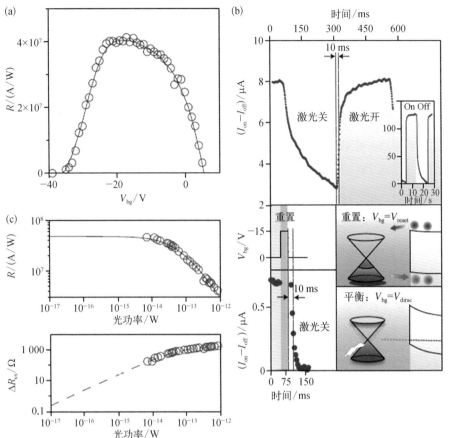

图 4 - 16　石墨烯 / 硫化铅量子点异质结构光探测器的性能测试

（a）光响应度与栅压的关系；（b）动态光响应；（c）光响应度和沟道电阻的变化量与光功率的关系

10^7 A / W，当光功率大于 10 fW[①] 时，光响应度开始下降，这是由于出现了光电流饱和。当光功率较小时，光探测器的沟道电阻的变化量随着光功率的增大而线性增大；当光功率超过 10 fW 时，沟道电阻的变化量出现饱和现象，这也是光响应度在高功率光作用下下降的原因。考虑到照射光斑的尺寸（500 nm），10 fW 对应的光功率密度为 4 μW / cm²。由于此探测器可探测的最小光功率为 0.01 fW，其可探测的最小光功率密度为 4 nW / cm²，可以探测夜里星空发来的微弱光信号。

硅作为半导体行业最重要的材料已发展成熟，和硅相关的产品都很廉价，这是由于很多标准都是依据硅材料建立的。硅量子点作为硅材料的衍生品，也具

---

　① 　1 fW（飞瓦）= 10^{-15} W（瓦）。

有低成本的优势,因此将硅量子点引入 GPD 中具有重要的现实意义。图 4-17
展示的是石墨烯/硅量子点异质结构光探测器结构和原理示意图。图 4-17(a)
为器件结构示意图,在表面具有 300 nm 氧化硅的硅衬底表面构筑基于 CVD 石
墨烯的 GPD,沟道长度为 10 μm,然后通过旋涂的方式将 B 重掺杂的硅量子点薄
膜布置到石墨烯沟道表面。图 4-17(b)为器件工作原理示意图,器件可实现
UV-MIR 波段高响应度光探测。硅量子点的平均尺寸为 6 nm,量子点中 B 的
含量为 40%,其中有 2% 被激活,产生空穴,对应的空穴掺杂浓度为 $4.5 \times
10^{20}$ cm^{-3}。较高的掺杂浓度在硅量子点的禁带中引入子能级,使硅量子点的光谱
吸收范围拓展到近红外。硅吸收光子产生电子空穴对,空穴转移到石墨烯沟道
中,电子被限制在硅量子点中,在电子空穴对复合前,空穴在石墨烯沟道中连续

图 4-17 石墨烯/
硅量子点异质结构
光探测器结构和原
理示意图

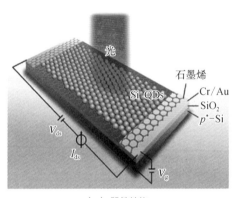

(a) 器件结构

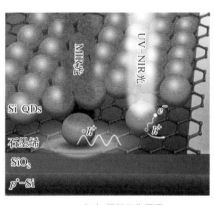

(b) 器件工作原理

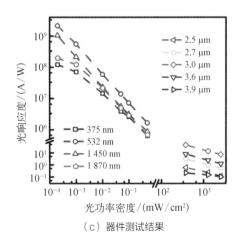

(c) 器件测试结果

输运。因此在紫外到近红外波段,空穴的渡越时间为 4 ps,载流子寿命是 3.4～9 s,因此光电导增益可高达 2.6×10^{12}。另外,由于 B 重掺杂的硅量子点在中红外波段具有局域等离子效应,该效应可以增强石墨烯和中红外光的相互作用,进而增强光吸收,达到提高光响应度的效果。图 4-17(c)给出了石墨烯/硅量子点异质结构光探测器的宽谱光响应特性测试结果,由此可知,波长为 375～1 870 nm,探测器的最高光响应度超高了 10^{8} A/W,在中红外波段,光响应度达到 10 A/W。

事实上,科学家还尝试了将其他种类量子点(石墨量子点、二氧化钛量子点等)引入 GPD 沟道中以制备高响应度光探测器,其原理都是利用量子点吸收光子产生电子空穴对,其中电子或者空穴在界面电场的作用下转移到石墨烯沟道中,实现了光电导增益,最终实现了高光响应度。由于量子点薄膜可大规模生产,具有低成本的优势,在柔性光电子领域也有应用前景,因此这种石墨烯/量子点异质结构光探测器具有广阔的应用前景。

4.4.3　石墨烯/二维材料异质增强

石墨烯的出现打开了二维材料世界的大门,二硫化钼、黑磷等二维材料相继出现。二维材料具有优异的光电特性,有潜力开发出基于二维材料的新型光电器件。将二维材料引入 GPD 沟道中,可提高光探测器的响应度。本节将介绍两种基于石墨烯/二维材料异质结构光探测器。

图 4-18 为石墨烯与二硫化钼异质结构光探测器横截面结构示意图。衬底为表面具有 300 nm 氧化硅的 p 型重掺硅,可用作背栅。通过机械剥离的方法在氧化硅表面制备多层(2～10 层)二硫化钼和单层石墨

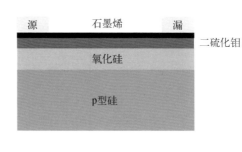

图 4-18　石墨烯与二硫化钼异质结构光探测器横截面结构示意图

烯,然后借助高精度定向转移设备将石墨烯定向转移到二硫化钼表面,最后在石墨烯表面制作源漏电极。

图 4-19 给出了石墨烯/二硫化钼异质结构光探测器工作原理和测试结果。

图 4 - 19(a)给出了器件的测试在有无光照作用下的转移曲线,结果表明,在光照作用下,光探测器的沟道电流降低,电流变化即为光电流。此处石墨烯的转移曲线不同于传统 GFET 的 V 型转移曲线,没有狄拉克点。这是由于二硫化钼是 n 型半导体,当栅压大于阈值电压 V_T 时,二硫化钼中电子增多,从而屏蔽了栅压对石墨烯的控制。图中二硫化钼的电导变化也表明了二硫化钼的电导率在栅压大于阈值电压 V_T 时迅速增大,从而能够有效屏蔽石墨烯的栅压。图 4 - 19(b)给出了负光电流产生的原理,光照时使用的波长为 635 nm,此波长的光能够被二硫化钼吸收,并产生电子空穴对,在负栅压产生的电场作用下电子转移到石墨烯沟道中,导致沟道电流减小。图 4 - 19(c)给出了石墨烯/二硫化钼异质结构光探测器的光响应度随入射光功率密度的关系。栅压设置为 - 60 V,入射光波长为

图 4- 19 石墨烯/二硫化钼异质结构光探测器工作原理和测试结果

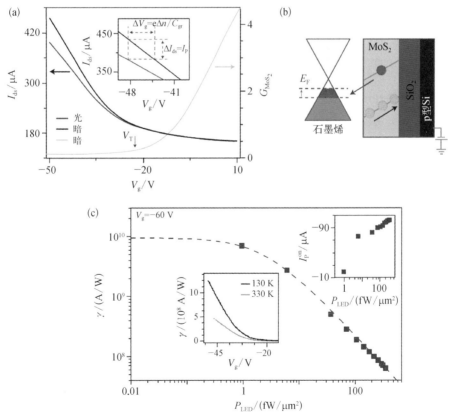

(a)器件的测试在有无光照作用下的转移曲线;(b)光照时石墨烯和二硫化钼的能带图;(c)光响应度和入射光功率密度的关系

635 nm，当光功率密度为 0.01 fW / μm^2 时，光响应度达到了 10^{10} A / W，随着光功率密度的增加，光响应度会有所下降，这是出现光电流饱和的原因。图 4 - 19（c）右上角的插图为光电流大小随入射光功率密度的变化，光功率密度由 1 fW / μm^2 增大到 100 fW / μm^2 时，光电流由 - 10 μA 增大到 - 90 μA。图 4 - 19（c）左下角的插图表明，低温时基于石墨烯 / 二硫化钼异质结构光探测器的光响应度会得到提升，这是由于温度降低，材料的迁移率提高，同时材料晶格振动减弱，光生电子空穴对的复合概率会降低，从而提高光响应度。需要指出的是这种石墨烯 / 二硫化钼异质结构的光响应度高于石墨烯 / 硫化铅量子点异质结构的光响应度，这是由于石墨烯和二硫化钼具有更加紧密的接触，提高了光生载流子在界面的转移速率。由此可知，实现完美的异质界面对制备高响应度的光电探测器具有重要意义。

由于二硫化钼的带隙较大，能够增强探测的光波段位于可见光，对红外光无能为力，为了制备高响应度的红外光探测器，需要引入窄带隙的二维材料。黑磷作为一种窄带隙的直接带隙二维半导体材料，具有较高的载流子迁移率，有潜力用于制备高性能的光电子器件。然而黑磷的不稳定特性也制约着黑磷的大范围应用。将石墨烯覆盖在黑磷表面，能够有效保护黑磷免受外部环境影响，这受益于石墨烯对水分子和氧气分子等气体分子的零透过率。借助这种石墨烯 / 黑磷异质结构，可实现宽谱高响应度光探测器。图 4 - 20 给出了石墨烯 / 黑磷异质结构光探测器的结构和测试结果。图 4 - 20（a）给出了器件的三维结构示意图，石墨烯覆盖在黑磷表面，电极构筑在石墨烯面，石墨烯能够保护黑磷。图 4 - 20（b）为不同厚度黑磷 / 石墨烯异质结构光探测器的光响应度随入射光功率的变化，入射光波长为 1 550 nm，处于红外波段。可以发现光响应度随黑磷厚度的增加而增大，随光功率的增大而减小。黑磷厚度越大，吸收光子越多，产生电子空穴对越多，空穴在黑磷 / 石墨烯界面电场的作用下转移到石墨烯中，因此沟道电流增大，其原理如图 4 - 20（c）所示。

事实上，很多其他二维材料如二硫化钨、二硒化钨等都被引入 GPD，利用石墨烯 / 二维材料异质结构提高光响应度。未来为实现更宽谱更高光响应度光探测器，可以利用 CVD 技术直接在石墨烯表面生长窄带隙二维材料或者在窄带隙

图 4-20 石墨烯 /
黑磷异质结构光探
测器

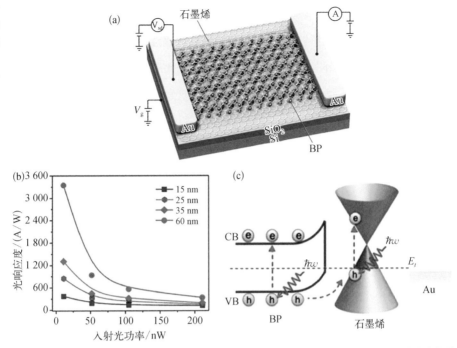

（a）器件三维结构示意图；（b）不同厚度黑磷与石墨烯异质集成时光响应度与入射光功率的关系；（c）光照时石墨烯和黑磷的能带结构

二维材料表面生长石墨烯，获得更加干净的界面，获得更丰富的异质叠层结构。

4.4.4　石墨烯 /金属氧化物异质增强

　　金属氧化物在催化领域中的地位很重要，由于其对光子很敏感，因此光辅助催化也得到了快速发展。正是由于金属氧化物能够高效吸收光子产生电子空穴对，其在光探测领域具有重要应用。基于氧化锌、氧化钛的紫外光探测器得到了很好的发展，进一步将这些金属氧化物引入石墨烯表面，制作高响应度石墨烯 /金属氧化物异质结构光探测器也得到了很多关注。

　　图 4-21 为二氧化钛纳米颗粒 /石墨烯异质结构光探测器结构示意图和测试结果。图 4-21（a）为器件结构，这里的 TiO_2 颗粒是通过旋涂的方式布置到GPD 沟道中的。图 4-21（b）为石墨烯 /二氧化钛纳米颗粒异质集成光探测器对紫外光和可见光的光响应特性，可以发现在 254 nm 紫外光照射下，沟道电流变

化超过 40%,这是由于二氧化钛吸收紫外光产生电子空穴对,电子传输到了石墨烯中。在 500 nm 入射光照射下,沟道电流能够变化接近 10%,此时的变化来源于二氧化钛表面氧气的吸附和解吸附。由此可知此种光探测器为氧气辅助光探测,原理如图 4-21(c)所示。这种光探测器有潜力被应用于光增强气体传感领域。

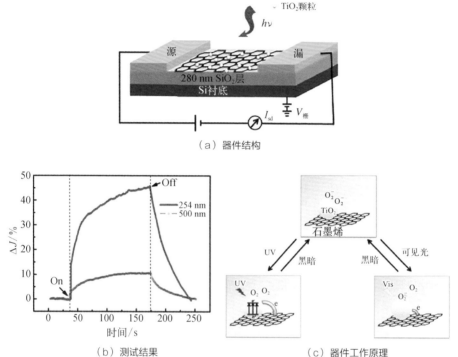

（a）器件结构

（b）测试结果

（c）器件工作原理

图 4-21 二氧化钛纳米颗粒与石墨烯异质结构光探测器

4.4.5 石墨烯/离子化合物异质增强

钙钛矿材料是一种离子化合物,其结构通式为 ABX_3,其中 A 和 B 为阳离子,X 为阴离子。由于钙钛矿材料具有非常出色的光吸收及光电转换特性,其在光电子领域具有巨大的应用前景。将钙钛矿引入 GPD 中,能够制备高响应度的光探测器。图 4-22 为石墨烯/钙钛矿异质结构光探测器的结构和测试结果。

图 4-22(a)为器件结构示意图,重掺硅表面具有一层 300 nm 厚的氧化硅层,为了消除氧化硅表面的悬挂键,从而消除界面陷阱,研究人员引入了一层正

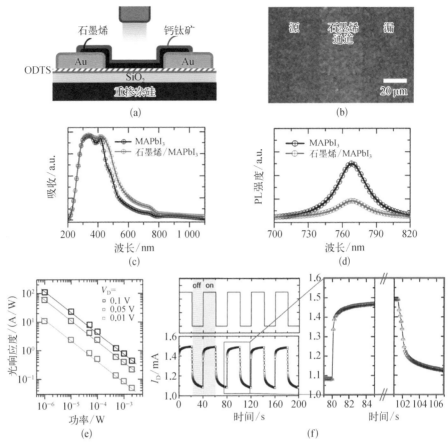

图4-22 石墨烯/钙钛矿异质结构光探测器

（a）器件结构；（b）器件表面光学显微图；（c）钙钛矿与石墨烯/钙钛矿吸收光谱；（d）钙钛矿与石墨烯/钙钛矿光致发光谱；（e）不同偏压下光响应度与光功率密度的关系；（f）器件动态光响应特性

十八烷基三甲氧基硅烷薄膜。然后制作源漏金电极，转移石墨烯，最后旋涂钙钛矿薄膜。这里先制作电极是为了避免钙钛矿薄膜被半导体工艺中的水或有机溶剂溶解。图4-22(b)为器件表面的光学显微图，可以看到钙钛矿薄膜中的颗粒。图4-22(c)为钙钛矿和石墨烯/钙钛矿异质结构的光吸收谱，石墨烯的引入增加了对长波段光的吸收。图4-22(d)为钙钛矿薄膜和石墨烯/钙钛矿异质结构薄膜的光致发光谱，石墨烯的引入使钙钛矿光致发光谱的强度降低，这是由于石墨烯的出现促进了钙钛矿中产生的电子空穴对的分离，抑制了光生载流子的复合。正是这种载流子的转移增强了GPD的光响应度。图4-22(e)为不同偏压下光探测器的光响应度随光功率的变化，此时的入射光波长为520 nm。在0.1 V偏压下，当入射光功率为 1 μW 时,光响应度达到 100 A/W。随着偏压的降低,光响应度会降低。图 4-22(f)为器件的动态光响应特性,上升时间和下降时间都接近 1 s。

4.5　零偏压石墨烯光探测器

石墨烯具有零带隙,研制出可零偏压工作的 GPD 能够避免传统光电导 GPD 中出现的巨大的暗电流,具有重要意义。传统的零偏压半导体光探测器都是基于 pn 结的,光照射 pn 结附近,产生的电子空穴对在 pn 结产生的内建电场作用下分离,被外电极收集,形成对外光电流,其工作原理如图 4-23 所示。石墨烯没有带隙,但是和半导体、金属等材料接触时,会在接触界面处产生载流子浓度变化,从而产生内建电场,可用于分离石墨烯中产生的电子空穴对,在零偏压下产生对外光电流。同时利用 p 型石墨烯和 n 型石墨烯的界面(石墨烯 pn 结)也能制备零偏压光探测器。本节介绍基于石墨烯/金属界面、石墨烯/半导体界面和石墨烯 pn 结的零偏压光探测器。

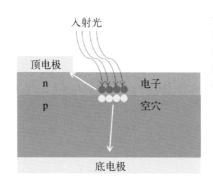

图 4-23　pn 结实现零偏压探测原理图

4.5.1　石墨烯/金属异质结构

金属-石墨烯-金属(MGM)结构是以石墨烯为有源区材料的 GPD 最基本的结构,如图 4-24 所示。光照射石墨烯,与石墨烯相互作用,被石墨烯吸收,产生电子空穴对。由于石墨烯中光生载流子的寿命很短,大部分光生载流子在被金属电极收集以前就会复合。只有在电极附近产生的电子空穴才会被金属和石墨烯产生的内建电场分离,形成有效光电流。因此充分利

图 4-24　金属-石墨烯-金属结构光电探测器截面示意图

石墨烯微电子与光电子器件

用石墨烯和金属的边界能够产生有效光电流的特性,可以开发出零偏压石墨烯光探测器。

为了更加清晰地理解石墨烯和金属电极边界处能够在零偏压下产生光电流这一现象,图 4-25 给出了 MGM 结构 GPD 的结构与光电流测试结果。图 4-25 (a)为 GPD 的转移曲线,V_D 为 1 mV,V_S 为 0,狄拉克电压为正值,表明石墨烯是 p 型掺杂。插图为 GPD 的光学显微图,石墨烯是机械剥离获得的,源漏电极是通过电子束曝光、蒸金和剥离工艺获得的。源漏电极能够正好构建在石墨烯表面,是利用了定位技术。在衬底表面制造坐标阵列,建立二维坐标系,然后测量出石墨烯的精确位置,再用电子束曝光的套刻技术,在石墨烯表面构建源漏电极。图

图 4-25　MGM 结构 GPD

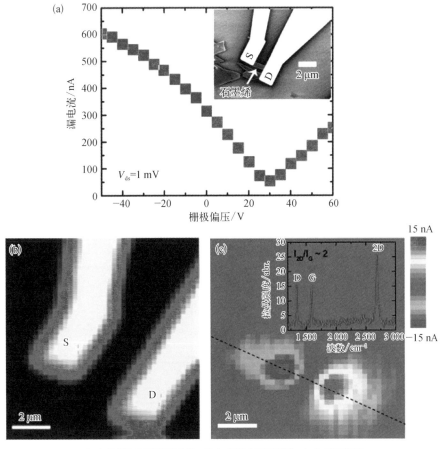

（a）沟道石墨烯转移曲线；（b）器件表面反射谱；（c）光电流图

4-25(b)为 GPD 器件有源区的光反射图,黄色部分代表金属电极,反射率高。图 4-25(c)为 GPD 的光电流图。光电流图通过入射光斑二维扫描器件表面,记录各点光电流,然后画出二维光电流图,这里入射光斑为 550 nm。结果表明,S 电极附近光电流是负值,D 电极附近光电流是正值,石墨烯沟道中无光电流。拉曼光谱表明石墨烯为单层。

图 4-26 展示的是不同位置光电流随栅压的变化规律。图 4-26(a)为器件的表面示意图,同时给出了光斑的扫描方向为源漏之间。图 4-26(b)为不同栅压作用下,光电流随位置的变化情况,规定从源电极流向漏电极的光电流为正方向。可以发现,当栅压为 −40 V 时,源电极附近的光电流为正值,漏电极附近的光电流为负值。随着栅压变成 −20 V、0 V,电流方向没有变化,峰值位置向沟道

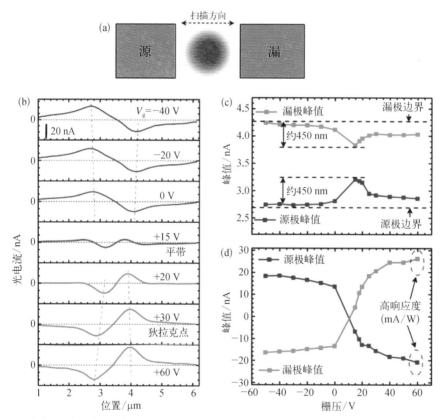

图 4-26 不同位置光电流随栅压的变化规律

(a)不同栅压作用下光电流随位置的变化;(b)不同栅压作用下光电流峰值位置的变化;(c)不同栅压作用下光电流峰值大小的变化

石墨烯微电子与光电子器件

移动。在栅压为 15 V 时,光电流变成最小值。当栅压为 20 V 时,源电极附近的光电流为负值,漏电极附近的光电流为正值。随着栅压的增大,电流方向没有变化,峰值位置向电极移动。以上物理现象的本质是栅压调控沟道石墨烯的费米能级,引起沟道石墨烯和金属电极石墨烯中费米能级差的变化,从而导致光电流的变化。图 4 - 26(c)(d)给出了光电流峰值位置和峰值大小随栅压的变化,最大光响应出现在栅压为 60 V 的位置,大小为 1 mA/W。

图 4 - 27 给出了光电流变化的物理本质,图 4 - 27(a)为石墨烯与金属接触边界截面图,图 4 - 27(b)~(e)为器件在不同栅压下,石墨烯的费米能级和位置的关系。在金属下面石墨烯的费米能级到狄拉克点的能量差固定,石墨烯为 p 型轻掺,空穴浓度较低。

在栅压为 0 V 时[图 4 - 27(b)],沟道石墨烯中空穴浓度较高,因此沟道中的空穴会流向金属电极,从而在沟道中积累负电荷,在金属电极积累正电荷,形成内建电场。当有光生载流子在电极附近产生时,光生电子会在内建电场的作用下漂移到电极,被电极收集,产生向右的对外光电流。当栅压为 - 20 V 时,沟道石墨烯中空穴浓度增大,而电极下面的石墨烯的空穴浓度不变,因此会有更多的空穴从沟道石墨烯扩散到电极,因此从电极指向沟道的内建电场进一步增强,在电极边界处产生的电子空穴对分离得更快,能够产生更大的光电流。当栅压为 15 V 时,沟道石墨烯中的空穴被栅压形成的电场抽走,空穴浓度降低,达到和电极下面石墨烯等同浓度,此时不发生空穴的扩散,不能形成内建电场,此时的光电流几乎为零。当栅压为 45 V 时,大量电子注入沟道石墨烯中,此时沟道中的电子向电极扩散,电极下面石墨烯中的空穴向沟道扩散,形成沟道指向电极的电场。此时形成了石墨烯 pn 结,内建电场强度很大,光电流也会增大。

为了充分利用石墨烯/金属接触边界能够在零偏压下产生光电流这一特性,同时避免两对称电极产生光电流相互抵消这一问题,可以使用不同材料分别制作源漏电极。研究者分别利用钛和钯和石墨烯接触的 GPD,在零偏压下实现 6.8 mA/W 的光响应度。这种结构虽然能够在零偏压下获得较大的光电流,但是需要通过两步工艺构筑两个电极,这会增加工艺难度。研制出只需要一种电

图 4 - 27　光电流
变化的物理本质

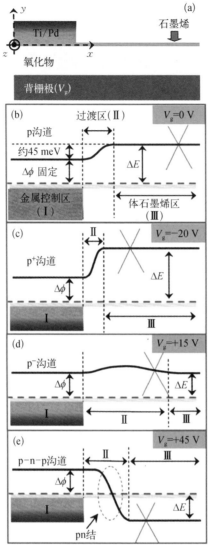

（a）石墨烯与金属接触边界截面图；（b）～（e）不同偏压下石墨烯的能带图

极材料的可零偏压工作的 GPD 很有意义。下面介绍只用一种电极材料，就能够
制备零偏压 GPD 的过程。

　　通过在 GPD 中引入非对称电极结构，不同电极与石墨烯接触的界面的长度不
同，因此形成的金属/石墨烯结的长度不同，其长度之差即为在 GPD 有源区形成
的有效金属/石墨烯结的长度。因此借助非对称电极，成功在 GPD 有源区实现有
效的金属/石墨烯接触，可产生对外光电流。器件制作流程图如图 4 - 28 所示。

图 4 - 28 非对称
电极 GPD 制作流
程示意图

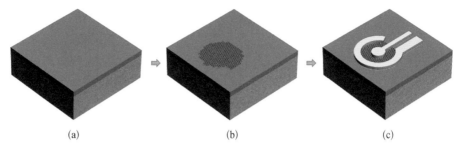

(a)　　　　　　　　　　(b)　　　　　　　　　　(c)

（a）表面具有 300 nm 氧化硅层的硅片；（b）机械剥离石墨烯到氧化硅片表面；（c）制作非对称电极

首先利用表面具有 300 nm 热氧化层的高阻硅片作为 GPD 的衬底。选择高阻硅的目的是降低 GPD 和衬底之间的寄生电容，从而降低衬底对 GPD 高频特性的影响。然后利用传统的机械剥离石墨烯的方法，在氧化硅表面制备单层石墨烯，通过光学显微镜确定单层石墨烯的位置和大小。最后介绍一下在石墨烯表面构建非对称电极的方法。首先在石墨烯表面匀一层负性光刻胶，经过前烘后，利用光刻机的显微镜确定单层石墨烯的位置，将光刻板上的石墨烯电极图形对准单层石墨烯的相应位置，经过曝光和后烘后进行显影，露出单层石墨烯表面需要沉积金属的位置，然后通过热蒸发在芯片表面沉积钛（10 nm）和金（200 nm）薄膜，最后将芯片放入丙酮中进行剥离工艺，得到最终的具有非对称电极结构的 GPD。这种圆形的电极结构的尺寸可以很好地匹配单模光纤中的光斑形状，保证大部分的入射光能够照射到 GPD 有源区的石墨烯表面。因此，这种空间入射 GPD 的结构很有潜力成为未来光通信系统中比较常用的结构。

在零偏压下，GPD 的光电流随光功率的变化测试结果如图 4 - 29 所示，结果表明借助非对称电极结构，能够实现零偏压时对光信号的探测。这种圆形探测器有潜力用于成像芯片，这种圆形像素的尺寸可以降低到 1 μm，而光响应度下降较慢，有潜力实现超大像素红外成像芯片。

4.5.2　石墨烯半导体异质结构

石墨烯经过转移和半导体工艺后，一般为 p 型掺杂，将其和 n 型硅材料异质集成，有望实现零偏压光探测功能，如图 4 - 30 所示。图 4 - 30（a）为石墨烯/硅异质

图 4 - 29 零偏压
GPD 的光电流随
光功率的变化

集成光探测器结构示意图,石墨烯与硅直接接触,表面电极与石墨烯相连,背电极
与硅相连,形成以石墨烯 /硅异质结为有源区的光探测器。图 4 - 30(b)为对异质
结施加反偏压时,石墨烯和硅的能带图,此时电子势垒很高,暗电流很小。当信号
光照射有源区时,硅吸收光子产生电子空穴对,此时的光波长为 400～900 nm。光
生载流子在电场的作用下分离,电子通过硅被底电极收集,空穴转移到石墨烯被顶
电极收集,形成对外光电流,最大光响应度达到 435 mA /W。测试光生电压达到
10^7 V /W,测试结果如图所示,表明此种结构光探测器可用于光探测和光伏领域。

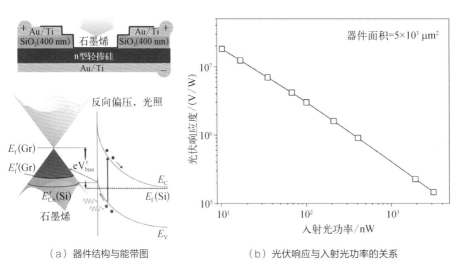

（a）器件结构与能带图　　　　（b）光伏响应与入射光功率的关系

图 4 - 30 石墨烯 /
硅异质结光探测器

4.5.3　石墨烯 pn 结

由于石墨烯为零带隙半导体,GPD 在非零偏压状态下工作会产生巨大的暗电流,造成大量能量损耗,因此研制具有零偏压光探测功能的 GPD 意义重大。传统的 MGM 结构 GPD,如果源漏电极为同种材料,当整个 GPD 有源区都暴露在光场下时,零偏压下 GPD 不会对外输出光电流。这是由于源电极和石墨烯界面处产生的光电流和漏电极与石墨烯界面处产生的光电流大小相等,但方向相反,因此对外光电流为零。在光通信系统中,光信号是通过单模光纤传输的,其光斑尺寸大于 10 μm。与此同时,为了提高 GPD 的电学响应带宽,GPD 的沟道长度一般为亚微米量级,从而远小于单模光纤中传导的信号光的光斑尺寸。因此在光通信系统中,GPD 两个电极不可避免地完全暴露在光场中,不能实现零偏压光探测。

为了获得可用于光通信系统的可零偏压工作的 GPD,可以通过引入两种电极材料来实现零偏压对外光电流,但这大大增加了 GPD 的设计和加工难度,提高了器件成本。重掺硅埋栅能够有效调节石墨烯的费米能级,控制石墨烯的掺杂类型。如果使用小尺寸的埋栅,使其尺寸小于 GPD 有源区尺寸,就能控制沟道中一部分石墨烯的费米能级,就能够在 GPD 沟道中形成石墨烯 pn 结。借助石墨烯 pn 结,即使电极材料为同种材料,也能实现零偏压光探测。利用石墨烯 pn 结的另一个优势是可以提高 GPD 的光响应度。同时通过调节石墨烯 pn 结 p 区和 n 区的费米能级差,能够调节 GPD 的光响应度,获得可调 GPD。

重掺硅埋栅能够有效调节石墨烯的费米能级,控制石墨烯的掺杂类型。如果使用小尺寸的埋栅,使其尺寸小于 GPD 有源区尺寸,就能控制沟道中一部分石墨烯的费米能级,就能够在 GPD 沟道中形成石墨烯 pn 结。借助石墨烯 pn 结,即使电极材料为同种材料,也能实现零偏压光探测。图 4-31 为重掺硅埋栅 GPD 结构示意图,在 MGM 结构的 GPD 有源区下面引入一对重掺硅埋栅,用来调节有源区相应位置石墨烯的费米能级。为了增加对 GPD 沟道石墨烯的调节自由度,在沟道区域引入双埋栅结构。借助这一对埋栅,可以在 GPD 沟道形成石墨烯 pn 结或者 npn 结。以具有较高介电常数的氧化铝作为绝缘介质层,能够

埋栅电极

氧化铝　　　　　　漏

源　　石墨烯

p型高阻硅

重掺硅埋栅

图 4 - 31　重掺硅埋栅 GPD 结构示意图

提高埋栅对石墨烯费米能级的控制能力。

　　测试零源漏偏压下,埋栅电压对 GPD 光电流的调制作用。测试原理如图 4 - 32(a)所示。入射光从单模光纤照射到 GPD 有源区,分别调节左埋栅电压(V_{gl})和右埋栅电压(V_{gr}),记录光电流(I_{ph})变化,测试结果如图 4 - 32(b)所示。在埋栅电压为零时,GPD 光电流为零,原因是入射光均匀照射整个 GPD 有源区,源电极和沟道石墨烯界面产生的光电流和漏电极和沟道石墨烯界面产生的光电流大小相等且方向相反,因此对外净光电流为零。

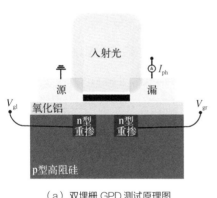

（a）双埋栅 GPD 测试原理图

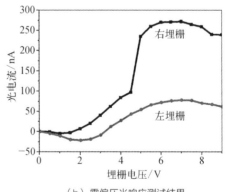

（b）零偏压光响应测试结果

图 4 - 32　零偏压埋栅 GPD

　　当施加埋栅电压时,GPD 沟道中埋栅位置的石墨烯费米能级会被调制,因此和沟道中不受埋栅控制的石墨烯的费米能级不同,从而在不同费米能级石墨烯的界面处产生内建电场,此内建电场能够将光生电子空穴对分离,且被电极收集,从而产生对外光电流。测试结果发现右埋栅调制下,GPD 的光电流较大。其原因是右埋栅能够调制的 GPD 沟道石墨烯面积较大,产生有效的电子空穴对较多。在右埋栅电压为 5 V 附近时,GPD 光电流产生跳变,这是由于此时右埋栅控制的石墨烯的掺杂类型由 p 型变成了 n 型,在 GPD 沟道中产生了石墨烯 pn 结,从而大幅提高了 GPD 的光响应度。利用重掺硅埋栅实现光响应度可调的 GPD,从实验上证明了此种埋栅技术的高效性,也为此种埋栅技术应用到其他二维材料光电器件中提供参考。

为了提高光响应度,利用硅光波导实现 pn 结 GPD。在硅光波导中间引入狭缝,一根波导变成两根波导,可以对两根波导分别施加栅压,调节其表面的石墨烯的费米能级,在波导表面形成石墨烯 pn 结。此时 pn 结的结区正好位于狭缝位置,同时波导中的光场也集中在狭缝位置,这样能够实现光场在石墨烯 pn 结位置被吸收,产生电子空穴对被 pn 结的内建电场分离,产生对外光电流。此种结构零偏压下实现了 35 mA/W 的光响应度。由于 pn 结产生的内建电场较大,能够快速分离光生载流子,有效提高光响应速率。在 0.5 V 偏压下,器件的小信号 3 dB 带宽达到了 65 GHz。

以上介绍了不同方式实现零偏压 GPD,利用石墨烯和金属的边界实现零偏压光电探测在本质是金属对石墨烯掺杂,引起金属边界石墨烯费米能级的差异,和石墨烯 pn 结具有相似的原理。石墨烯是有源材料,利用石墨烯和半导体材料形成的异质结来实现光生电子空穴对的分离,半导体材料吸收光子,能够结合半导体材料的带隙实现对不同波段光信号零偏压探测。

4.6 高稳定性低功耗石墨烯光电探测器

石墨烯为单原子层结构,其对环境变化十分敏感,因此石墨烯光电探测器面临稳定性问题。与此同时,石墨烯没有带隙,在很小的偏压作用下会产生巨大的暗电流,因此石墨烯光电探测器面临高功耗问题。为了同时解决以上两个问题,笔者构筑了具有非对称结构电极的石墨烯光电探测器,同时在石墨烯沟道原位引入热氧化二氧化钛纳米薄膜,最终获得了高稳定性、低功耗、高灵敏度、宽谱石墨烯光电探测器。

4.6.1 器件设计

GPD 在光照下产生光电流,其产生机制主要包括光伏效应、光热电效应和光热效应。光伏效应为石墨烯吸收光子后产生电子空穴对,电子空穴对在电场作用下互相分离,从而产生对外光电流。此时的电场可以是外加电场,例如加偏压;也可以是内建电场,例如石墨烯 pn 结或者石墨烯/金属电极接触产生的电场。当入射光功率较大时,内建电场会被部分屏蔽,因此光响度应会有所降低,使 GPD 具有一定的非线性特性。但是,由于内建电场能够迅速将电子空穴对分离,不会存在载流子大量积累,从而光伏效应占主要作用时,GPD 光电流饱和特性较弱。光热电效应是石墨烯吸收光子后产生高能电子,这种电子的能量不能通过声子的形式释放给石墨烯晶格,会不断地将能量传给其他电子,仿佛电子被加热,这种热电子能够被电极收集,从而产生对外光电流。由于电子被加热后不易再吸收光子,因此随着光功率的增大,GPD 的光电流不再明显增加。因此当光热电效应在 GPD 光电响应中占主要作用时,GPD 的非线性光响应会更加明显。然而热载流子的产生需要 GPD 有源区具有金属/石墨烯接触或者具有 pn 结。在 GPD 有源区形成有效的 pn 结会增加器件的结构复杂度和制作难度。由于几乎所有的 GPD 都具有金属-石墨烯-金属(MGM)结构,如果能在有源区形成有效的金属/石墨烯接触,也能获得光响应非线性度比较大的 GPD。

2009 年,F.N. Xia 等实现的世界上首只 GPD,将聚焦光照射到电极和石墨烯交界处,利用金属电极和石墨烯的接触电势实现了高速光探测。然而在现实光纤通信系统中,光信号是通过单模光纤照射到 GPD 表面的。由于光斑面积较大,GPD 有源区面积较小,两个金属/石墨烯边界都暴露在光场中,净的光电流为零。为了解决这一问题,T. Mueller 等利用两种金属制作电极,获得了可用于光通信的 GPD。然而,使用两种金属会大大增加器件的制作难度和成本。因此该工作引入非对称电极结构,不同电极与石墨烯接触的界面的长度不同,因此形成的金属/石墨烯结的长度不同,其长度之差即为在 GPD 有源区形成的有效金属 /石墨烯结的长度。因此借助非对称电极,成功在 GPD 有源区实现有效的金属 /石墨烯接触。此外,这种圆形的电极结构的尺寸可以很好地匹配单模光纤中的光斑形状,保证大部分的入射光能够照射到 GPD 有源区的石墨烯表面。因此,该工作中实现的空间入射 GPD 的结构很有潜力成为未来光通信系统中比较常用的结构。

石墨烯的单层特性使其对环境十分敏感,导致石墨烯器件稳定性较差。在石墨烯表面覆盖保护层能够有效避免空气中的水汽和其他分子对石墨烯的影响。二维氮化硼包裹石墨烯的三明治结构能够有效保护石墨烯,避免石墨烯受外界影响。然而获得氮化硼 /石墨烯 /氮化硼三明治结构非常困难,不易大规模生产。在石墨烯表面沉积氧化铝薄膜能够保护石墨烯器件,但是氧化铝对 GPD 的响应度的提升没有贡献,这样不能获得高灵敏 GPD。二氧化钛作为一种重要的金属氧化物,广泛用于光电器件领域,这受益于其高稳定、无毒、高光敏等特性。另外,钛的缺氧氧化物具有连续变化的带隙,带隙中会出现很多子能带。在石墨烯表面引入钛梯度氧化物材料,即表面是高稳定性二氧化钛,内部是钛的缺氧氧化物,能够在提高石墨烯器件稳定性的同时,提高 GPD 的光灵敏度,这在后面会详细介绍。通过原位热氧化钛金属薄膜的方式,可以在石墨烯表面实现钛梯度氧化物材料,这是该工作的亮点。

4.6.2　器件加工和测试

图 4‐33 为器件的三维结构示意图,石墨烯与非对称结构电极连接,表面覆盖二氧化钛薄膜。器件的制作流程如图 4‐34 所示。首先选择厚度为300 μm 的高阻硅作为器件的衬底,选择高阻硅的目的是降低 GPD 和衬底之间的寄生电容,从而降低衬底对 GPD 高频特性的影响;然后将硅片放入 1 000℃ 的热氧化炉中 3 h,表面形成 100 nm 厚度的二氧化硅层;再将商用 CVD 石墨烯转移到氧化硅片表面,利用光刻工艺和氧等离子体刻蚀工艺制作图形化石墨烯;然后利用光刻工艺、金属热蒸发工艺和剥离工艺在石墨烯表面制作非对称结构金属电极(钛10 nm /金 200 nm);随后利用光刻工艺、电子束蒸发工艺和剥离工艺在石墨烯表

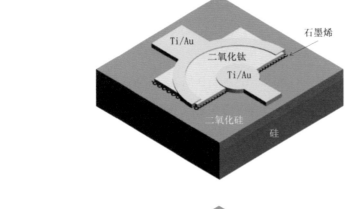

图 4 - 33　GPD 三维结构示意图

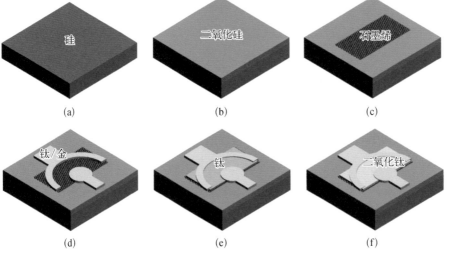

图 4 - 34　GPD 主要制作过程

（a）高阻硅片；（b）热氧化获得氧化硅介质层；（c）转移 CVD 石墨烯并图形化；（d）制作非对称结构电极；（e）在石墨烯表面沉积钛金属薄膜；（f）原位热氧化钛金属制备二氧化钛薄膜

面沉积一层 30 nm 的钛金属薄膜；最后将芯片放在 400℃的热板表面 3 h，金属钛薄膜会被空气中的氧气氧化为致密的二氧化钛薄膜。

1. 器件稳定性测试

稳定性是器件的一个非常重要的性能指标，石墨烯作为单原子层材料受环境影响十分严重，石墨烯器件的稳定性已经严重制约了石墨烯器件的商用化进程。该工作中，笔者在石墨烯表面原位制备了二氧化钛薄膜，试图提高 GPD 的稳定性。图 4 - 35 显示了具有或不具有二氧化钛覆盖层的 GPD 的通道电流稳定性。如果没有二氧化钛覆盖层,由于空气中分子的掺杂不稳定,在固定源漏偏压下通道电流会发生很大变化(黑线)。幸运的是,具有二氧化钛覆盖层的 GPD 的通道电流保持稳定(红线),这意味着二氧化钛薄膜作为保护层能够很好地保证石墨烯器件的稳定性。该工作首次报道将原位热氧化的二氧化钛薄膜用作石墨烯器件的保护层,并取得成功。

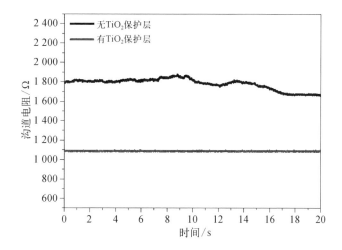

图 4 - 35 二氧化钛保护层提高石墨烯器件稳定性

2. 器件静态测试

图 4 - 36 显示了输入光功率和不输入光功率时 GPD 的沟道电流与偏压的关系。沟道电流与扫描电压之间呈现近似线性关系,表明石墨烯金属接触良好。在黑暗中(黑线),源极漏偏压扫描范围为 -1~1 V,通道电流变化范围约为 -1 600~1 600 μA。然而,当 GPD 受到波长为 1 600 nm、功率为 10 mW(红线)的光束照射时,通道电流变化范围为 -2 400~2 400 μA。因此,通过相减,很容易获得光电流(蓝线)。光电流随偏压的增大而增大,说明外加电场可以加快光生载流子的流动速度。在较大偏压下获得较大的光电流,当偏压为 1 V 时,获得近800 μA 的光电流。令人兴奋的结果是,在 1 V 偏压下,光电流和暗电流的比值达到 50%,这在纯石墨烯或量子点 /石墨烯异质结构的 GPD 中是不可能的。

图 4 - 37 显示了偏压为 0~0.5 V 时,365 nm(黑线)和 635 nm(红线)入射光照射下 GPD 通道中的光电流,可以发现光电流随偏压增大而增大。

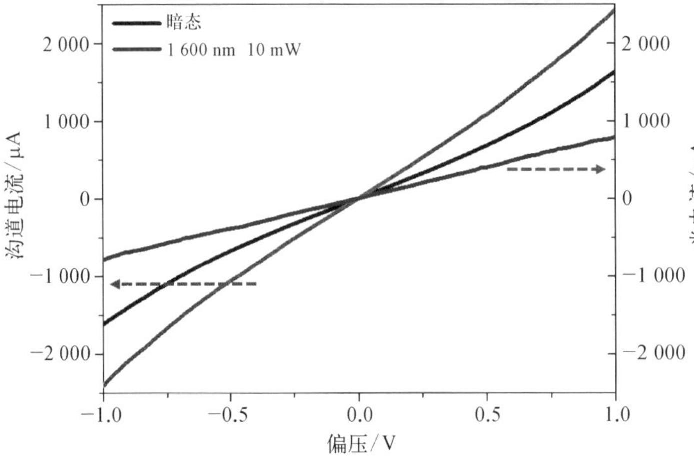

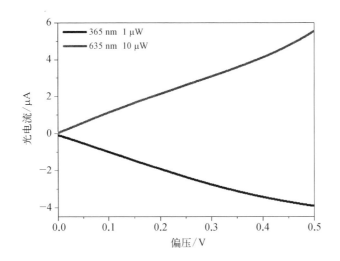

图 4-36 GPD 沟道电流与偏压的关系

图 4-37 GPD 在紫外和可见光作用下光电流随偏压的变化

由此可知,此 GPD 可工作在紫外、可见和红外波段,这种宽带光探测器具有广泛的应用范围。下面详细讨论 GPD 获得较高光响应度的物理本质。对于 1 V 偏压,GPD 光响应度约为 80 mA/W,高于基于纯石墨烯的空间光电探测器的上限(1 600 nm,100% 外部量子效率时光响应度为 23 mA/W)。在 1 600 nm 入射光照射下,GPD 光响应性增强是由于光生电子从石墨烯转移到二氧化钛层中。在这个过程中,锐钛矿表面的大量氧空位提供了电子传递的途径。GPD 中光电流增强的详细物理机制如图 4-38 所示。石墨烯吸收光子产生电子-空穴对,在石墨烯/二氧化钛界面内建电场的作用下,电子-空穴对在界面处分离。光生电子从石墨烯转移到二氧化钛,光生空穴在源漏偏压作用下在 GPD 沟道中漂移。在石墨烯 /二氧化钛界面的内建电场以及锐钛矿二氧化钛中的电子陷阱的作用下,电子被长时间困在二氧化钛中。石墨烯通道中的电荷守恒会导致空穴一到达源电极,漏电极就会补充一个空穴到导电沟道中。因此,在 GPD 沟道产生单个光生电子-空穴对后,空穴在石墨烯沟道中循环多次,产生电增益,导致光响应度增强。

图 4 - 38 GPD 光响应增强物理机制

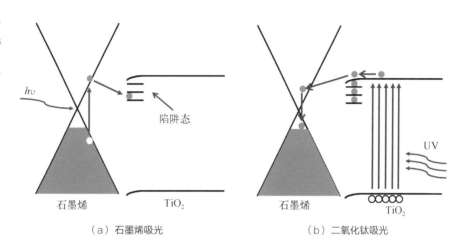

（a）石墨烯吸光　　　　　　　　（b）二氧化钛吸光

在 0.5 V 偏压时,GPD 对 1 μW 紫外辐射(365 nm)的光响应度约为 4 A /W,对 10 μW 可见辐射(635 nm)的光响应度约为 0.55 A /W。因此,二氧化钛覆盖的 GPD 在紫外、可见和红外(IR)范围内表现出很高的光响应度,比报道的基于单层石墨烯的 GPD 高 1～2 个数量级。由图 4 - 37 可以发现 GPD 在紫外光和可见光照射下的光电流具有不同的极性,图 4 - 38 显示了潜在的物理机制。635 nm 入射光的光子能量为 1.95 eV,小于 TiO_2 材料的带隙(约 3.2 eV),不能被 TiO_2 覆盖层吸收。因此,在石墨烯层中形成光生载流子,并且新产生的电子转移到 TiO_2 层[图 4 - 38(a)],从而产生更高的 p 掺杂石墨烯沟道和更大的沟道电流。然而,对于紫外光(365 nm,3.40 eV),入射光被 TiO_2 薄膜吸收,光生电子具有相对较高的能量并转移到石墨烯中,导致石墨烯的 p 型掺杂强度降低,从而使沟道电流降低。

3. 器件动态特性测试

图 4-39 显示了输入脉冲光信号的 GPD 输出信号。上升时间和下降时间分别为 200 ns 和 150 ns,这意味着 GPD 的带宽约为 2 MHz,尽管该工作中使用了具有相对较低载流子迁移率的商用 CVD 石墨烯。快速的光响应得益于干净的石墨烯 /TiO$_2$ 界面和 TiO$_2$ 中的较快的电子迁移率。

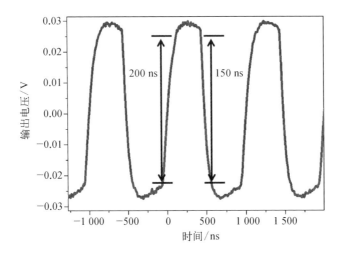

图 4-39 GPD 动态响应测试结果

4. 器件零偏压特性

对于传统的 GPD,当偏压为零时,GPD 的光电流几乎为零,这是由于 GPD 使用了对称的电极结构,单模光纤产生的光斑能够均匀地照射 GPD 的有源区,则源极 /石墨烯界面产生的光电流和漏极 /石墨烯界面产生的光电流的大小相等,但符号相反,因此对外光电流为零。施加偏压时,能够产生光电流,这是由于石墨烯吸收入射光子后产生电子空穴对,在单向外电场的作用下迅速分离,被电极收集产生对外光电流。当偏压线性增加时,石墨烯中形成的电场会线性增加,从而使光生载流子的分离和漂移速度线性增加,最终导致光电流线性增加。因此施加偏压是获得光电流的必要条件。

自 2012 年以来,在 GPD 沟道覆盖半导体薄膜材料获得超高增益被许多研究小组报道。然而,这种结构的 GPD 也需要施加偏压才能获得对外光电流,因此无法避免地在石墨烯沟道中产生不可接受的巨大暗电流。该工作第一次尝试在零偏压下实现高增益 GPD。图 4-40(a)和图 4-40(b)分别显示了无二氧化钛和有二氧化钛覆盖层的零偏压 GPD 在 1 600 nm 脉冲入射光下的光电流。在 GPD 沟道石墨烯表面覆盖一层薄薄的二氧化钛薄膜可以明显增强光电流(约 40 倍)。

图 4-40 GPD 零偏压光响应特性

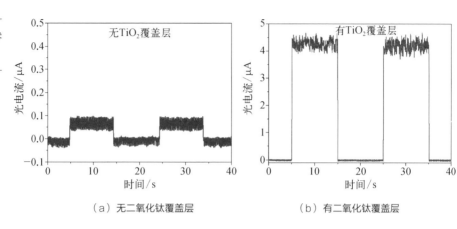

（a）无二氧化钛覆盖层 （b）有二氧化钛覆盖层

图 4-41 GPD 零偏压高增益原理图

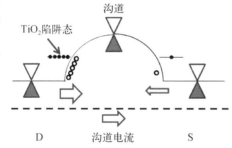

零偏压 GPD 光电流增益的基本物理机制如图 4-41 所示。当光生电子转移到 TiO_2 层时,石墨烯沟道中留下许多空穴。由于 TiO_2 和 Ti 金属掺杂类型的不同,石墨烯在沟道和金属电极下的费米能不同。石墨烯-金属界面上的费米能的转移导致空穴从漏电极漂移到石墨烯沟道。由于漏极上的金属-石墨烯界面较长,更多的空穴从漏极漂移到源极,从而在漏极和源极之间产生净光电流。具有二氧化钛覆盖层产生光电流增强具有两个原因。首先,由于 TiO_2 材料的 p 型掺杂效应相对较重,在金属-石墨烯界面上获得了较大的费米能级移动,从而导致了更大的内建场和更快的空穴漂移速度。第二,光生的电子被转移到二氧化钛层并被捕获在覆盖层中,从而在通道中产生光电导增益。该工作中输入光功率约为 10 mW,光电流为约 4 μA,表明零偏压 GPD 的光响应度相对较低。幸运的是,如果使用波导结构来增加石墨烯和输入光功率之间的相互作用长度,光响应率将显著提高。

4.6.3　工作意义

接下来讨论 TiO_2/石墨烯异质结构 GPD 在未来光学检测应用中的潜在优势。

1. 高稳定石墨烯基光电探测器

石墨烯具有超高的载流子迁移率、高的内量子效率和宽带光吸收特性,被认为是最有前途的光电探测器材料。然而,由于空气中水分和氧分子的不稳定掺杂,裸石墨烯基光电探测器的空气稳定性并不令人满意。在上述工作中,研究人员引入了一层薄薄的二氧化钛薄膜来保护石墨烯通道不受空气的影响,并成功地实现了一种高稳定性的 GPD。由 GPD 增强的性能可知,TiO_2 层不会损坏石墨烯。长期高的运行稳定性是 GPD 商业化的前提。因此,该工作所提出的 GPD 在光学检测中具有广阔的应用前景。

2. 宽带光学检测

石墨烯的零带隙使其能在超宽波长范围内吸收电磁辐射。在该工作中,GPD 在紫外(365 nm)到红外(1 600 nm)范围内工作性能良好。近年来,紫外光电探测器在火焰和导弹探测、化学和生物分析、环境监测等方面得到了广泛的应用。可见光和红外线探测的实现在许多重要的光电应用中也至关重要,如通信、传感和成像。在该工作中,实验证明了 365 nm 紫外光的高效检测,并且由于 TiO_2 材料的带隙相对较大,所提出的 GPD 可以检测到较短的波长(小于 200 nm)。由于石墨烯具有零带隙,因此,GPD 还具有探测更长波长的潜力。

3. CMOS 兼容的红外探测器

由于制备过程中的最高温度为 400℃,因此实现了与 CMOS 兼容的红外 GPD。目前,人们广泛关注的是将兼容 CMOS 的红外光电探测器和信号处理电路集成到一个价格合理的红外光学接收器和图像传感器芯片上。该工作所研制的 GPD 具有高稳定性和高光响应性,在光电集成电路领域具有重要的应用前景。由于石墨烯可以在室温附近直接生长在介电材料上，因此在红外 GPD 的制备中可以避免转移过程，使 GPD 成为未来光通信和红外成像应用的一种有前途的光电器件。为了实现高性能的单片光电集成宽带图像传感器芯片，需要一个 CMOS 兼容的高稳定性光敏层。首次报道的基于石墨烯的单片光电集成宽带图像传感器芯片采用 PbS 量子点薄膜实现增敏层。然而，PbS 量子点是在硅芯片表面旋涂的，这是一种与 CMOS 不兼容的制造工艺。另外，PbS 量子点的稳定性较低也是一个需要解决的严重问题。在该工作中，TiO_2 薄膜的引入实现了高性能 GPD。TiO_2 覆盖层是非常稳定的，可以通过与 CMOS 兼容的方法在硅芯片表面实现，从而为高性能宽带图像传感器提供了一种新的策略。

4. 零功耗工作

由于功能器件对低功耗的要求越来越高，设计和制造无外偏压工作的自供电光电探测器是下一代光电探测应用的重要研究方向。考虑到石墨烯材料的零带隙导致 GPD 通道中存在较大的暗电流，设计零偏压工作的 GPD 就成为了迫切需求。由于引入非对称结构电极和覆盖在 GPD 通道表面的 TiO_2 薄膜，该工作研制的 GPD 在没有偏压的情况下能很好地工作，这为今后高性能自供电 GPD 的发展提供了新的方向。

5. 潜在的低成本

随着石墨烯生长和转移技术的快速进步，低成本、高质量、大面积的石墨烯材料已经很容易获得。由于钛金属价格低廉，可以以极低的成本获得热氧化二氧化钛薄膜。由于 GPD 结构简单，器件制造成本也很低。此外，因为它的面积小（可以是 $100~\mu m^2$，包括电极），可以像传统的集成电路芯片那样在 12 英寸[①]的晶片上大规模生产，因此一个 GPD 的总成本可以被大大降低。随着通信和成像应用在我们的日常生活中变得越来越重要，需求将非常大。由于该工作所研制的 GPD 可以同时作为紫外线、可见光和红外光电探测器，该 GPD 有额外的机会降低成本。

---

① 1 英寸（in）＝0.025 4 米（m）。

该工作中证明了在石墨烯表面覆盖热氧化二氧化钛薄膜能够实现具有低功耗和高稳定性的高性能 GPD。由于石墨烯通道表面的二氧化钛保护层具有超高的空气稳定性,因此 GPD 显示出很高的环境稳定性。由于石墨烯和二氧化钛层之间的光生载流子转移,GPD 在波长为 365~1 600 nm 范围内实现了增强的光响应。与先前提出的基于光电导结构的 GPD 相比,这种设计可以有效地降低功耗,因为可以避免偏压。该工作不仅表明了高光响应、短光响应时间和高操作稳定性的高性能 GPD 的成功实现,而且为基于新开发的纳米材料(如二维材料)制造空气稳定的光电器件提供了一个可行的参考。

4.7   石墨烯探测器的应用介绍

GPD 具有超宽的光学带宽,可以实现从紫外到 THz 的光探测,广泛应用于成像、传感和通信领域。GPD 具有线性光响应特性和非线性光响应特性,可实现光电信号混频和双光信号混频,有潜力被应用于下一代通信系统。

4.7.1   红外探测

红外探测具有重要意义,在军事上,红外热成像可以协助军事对抗;民用上,红外成像可广泛用于医疗、健康和无线温度检测等领域。

石墨烯具有零带隙,可以对红外光信号产生响应。单层石墨烯的吸光率为 2.3%,可通过能带工程提高吸光率,从而提高光响应度。在石墨烯中引入纳米孔,可以提高石墨烯在红外波段的光响应度。图4-42 为高响应度红外 GPD 的结构示意图。只须将传统的 GPD 沟道中的石墨烯腐蚀出纳米孔阵即可实现。

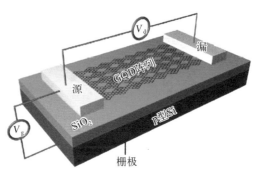

图 4-42   石墨烯阵列孔洞增强光探测器结构示意图

图 4-43 为具有阵列孔洞的 GPD 对中红外光信号的响应特性,在波长为 9.9～10.31 μm 光信号的作用下,产生了明显的光电流,光响应度达到 0.4 A/W。

图 4-43 石墨烯阵列孔洞增强光探测器对中红外光的动态响应特性

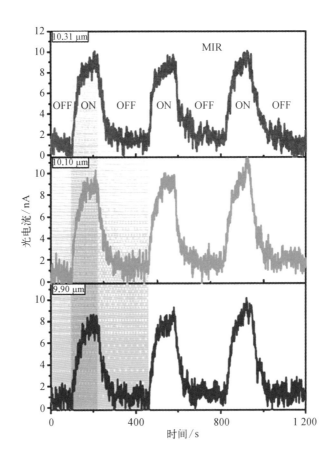

图 4-44 石墨烯热辐射计结构示意图

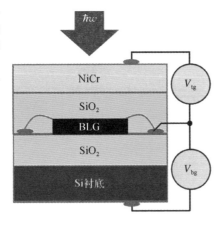

石墨烯具有很小的电子热容和很弱的电子-声子耦合作用,红外光照射石墨烯时会引起石墨烯中电子温度的显著变化,从而引起电导率的改变。因此,石墨烯特别适合于制作辐射热计,用于红外信号探测。利用顶栅和背栅调控双层石墨烯带隙,可以获得高灵敏热电子辐射热计,实现红外信号高灵敏探测。图 4-44 为器件

结构示意图。该器件在 10 K 温度下的响应速率大于 1 GHz,比商业的硅辐射热计和超导越界探测器高出 3～5 个数量级。在 10.6 μm 红外光照射下的光响应度达到 $2×10^5$ V/W,达到了传统的商业化的硅辐射热计的性能,对该石墨烯热辐射计进行优化,有潜力代替传统商用热辐射计。

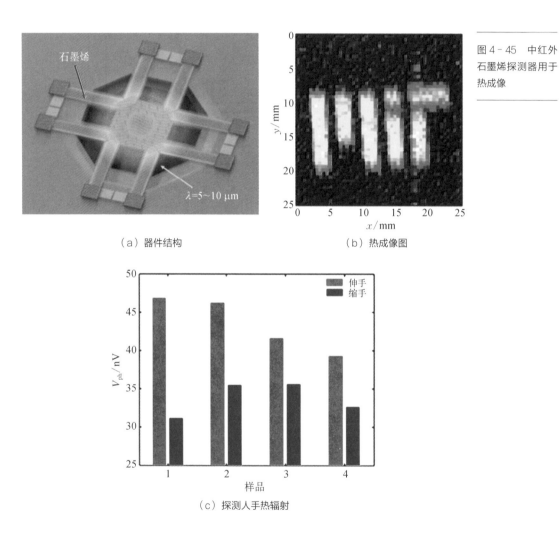

（a）器件结构　　　　　　　　　　　　（b）热成像图

图 4 - 45　中红外石墨烯探测器用于热成像

（c）探测人手热辐射

　　基于石墨烯的红外探测器可以用于热成像,探测人体的温度。图 4 - 45 为一种基于石墨烯的中红外探测器的结构示意图和热成像图。此器件的灵敏度为 7～9 V/W(10.6 μm),探测率达到 $8×10^8$ cm·$Hz^{1/2}$·W^{-1},响应速度为23 ms。图 4 - 45(a)为器件的结构示意图,悬浮氮化硅结构用于吸收红外光,产生温度变化。双背栅形成石墨烯 pn 结在热场作用下产生电信号。图 4 - 45(b)为利用此种红外探测器对金属图形成像,黄色部分为有金属图形部分。图 4 - 45(c)为器件对人手的响应,有人手靠近时,电压信号变化很明显,表明此种石墨烯探测器能够对人体进行探测。

4.7.2 THz 探测

太赫兹的能量低、穿透性强和脉冲窄等独特性能给通信、雷达、电子对抗、电磁武器、天文学、医学成像、无损检测、安全检查等领域带来了深远的影响。太赫兹空间分辨率和时间分辨率都很高,使太赫兹成像技术和太赫兹波谱技术成为太赫兹应用的两个关键技术。同时,由于太赫兹能量很小,不会对物质产生破坏作用,所以与 X 射线相比更具有优势。另外,由于生物大分子的振动和转动频率的共振频率均在太赫兹波段,因此太赫兹在粮食选种、优良菌种的选择等农业和食品加工行业有着良好的应用前景。要实现这么多应用,首先需要实现常温下对太赫兹射线的直接探测。基于石墨烯晶体管的室温 THz 探测器的研制为 THz 技术的发展带来了无限潜力。

图 4 - 46 为石墨烯 THz 探测器的结构示意图。图 4 - 46(a)为器件表面 SEM 图,利用天线结构提高对 THz 信号的吸收效率。图 4 - 46(b)为器件核心区的 SEM 图,可以看到 GFET 的源、漏和栅电极。图 4 - 46(c)为器件三维结构示意图,栅极和源极构成 THz 耦合天线,栅极施加偏置栅压,源极接地,漏极接放大器,输出电压信号。GFET 漏端输出直流电压正比于入射 THz 功率,灵敏度达到 60 mV /W。

图 4 - 47 展示的是利用基于 GFET 的 THz 探测器实现铁盒子里咖啡探测成像和树叶的探测成像。图 4 - 47(a)为铁盒子光学显微图,里边有装了咖啡的塑料盒。图 4 - 47(b)为利用 GFET 探测到了内部咖啡图像,这里利用了 0.3 THz 的入射信号。图 4 - 47(c)为树叶的形状成像,由于树叶含水量高,其 THz 吸收率高,该图像能够清晰地显示出树叶的形状。

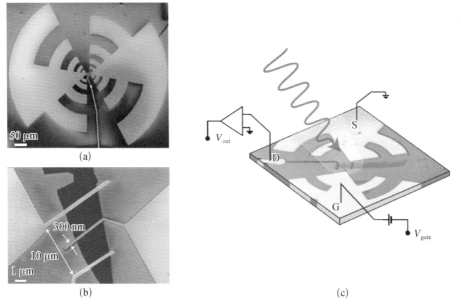

图 4 - 46　石墨烯
室温 THz 探测器

（a）器件光学全局 SEM 图；（b）器件核心区 SEM 图；（c）器件三维结构示意图与测试原理图

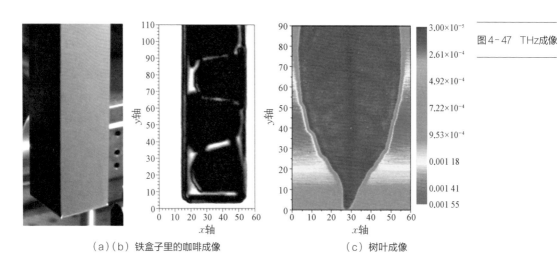

图 4 - 47　THz 成像

（a）（b）铁盒子里的咖啡成像　　　　　（c）树叶成像

4.7.3　频率变换

在信息爆炸式增长的今天，人们对高带宽、低延时通信的需求日益强烈。光通信网络因其大容量、高速率、低损耗、高可靠度和低成本的优势，在远距离通信

石墨烯微电子与光电子器件

以及核心网组建中取代传统的电网络是大势所趋。近年来,随着各种复用技术的发展成熟,一束光能够传输的信息量非常巨大。与此同时,随着电信号处理器性能的大幅度提升,等待数据的时间已超过处理数据的时间。因此现阶段急需一种高带宽的新型光电接口来解决光束中的大量数据不能及时传给处理器处理而造成严重资源浪费的问题。光电混频器能够同时实现光信号的探测和混频,借助一个器件能够完成传统光信号探测器和电信号混频器两个器件的功能。将光电混频器用于光电接口能够大大简化光电接口系统的复杂度,大幅度降低信号延时,有望提高光电接口工作效率。

石墨烯具有超高载流子迁移率和超快宽光谱响应特性,被认为是最合适的PD有源区材料。事实也证明了这一点,基于石墨烯的高性能PD已经取得重要进展。本节基于光电混频器介绍GPD在频率变换领域的潜在应用,为石墨烯光电混频器件的发展提供参考。

1. 混频器介绍

混频器广泛用于通信系统,其主要功能是实现信号频率的搬移。若将具有不同频率的两路电信号输入混频器件,则在混频器输出端可得到两路输入电信号的和频电信号和差频电信号。混频功能得以实现的本质是电子元器件对某种输入电信号的响应可以被另一种输入电信号调制,这要求电子元器件具有对输入电信号的非线性响应。根据输入信号的种类个数可以将混频器分为两端口混频器和三端口混频器。

基于固定栅压的场效应晶体管的混频器就是两端口混频器,输入信号都是漏电压信号,输出信号由源漏电流信号决定,其基本原理如图 4-48 所示。将交流信号 f_1 和 f_2 同时施加到晶体管的漏极,由于 f_2 幅度较大,可以将 f_1 看成叠加在 f_2 上的小信号。由于晶体管具有非线性 I/V 特性,f_2 不断地调制着晶体管的电阻。小信号 f_1 感受到的电阻是周期性变化的,周期为 $1/2\pi \times f_2$。因此晶体管在偏压 f_1 作用下电流的振幅是被 f_2 调制过的,即其振幅是周期变化的,周期为 $1/2\pi \times f_2$。将晶体管的输出信号进行傅里叶变换可以获得混频信号。

基于调制栅压场效应晶体管的混频器为三端口混频器,输入信号为栅电压

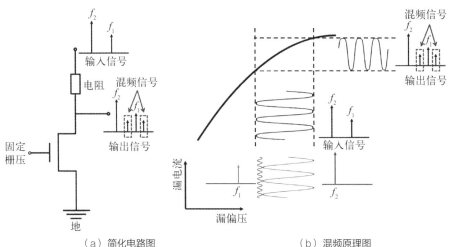

（a）简化电路图　　　　　　　（b）混频原理图

图 4 - 48　两端口混频器工作原理图

信号和漏电压信号,输出信号由源漏电流信号决定,以 GFET 为例,其基本原理如图 4 - 49 所示。GFET 沟道电阻随源漏电压线性变化,同时也随栅源电压线性变化,即源漏电流正比于漏电压和栅电压的乘积,由混频方程可知源漏电流中包含了漏端和栅端信号的混频信号。基于此原理,Y.M. Lin 等研制了高性能石墨烯阻性混频器。

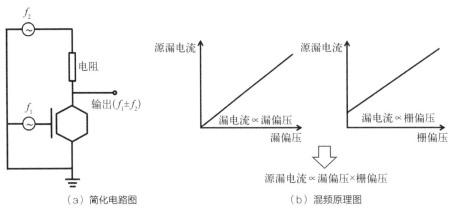

（a）简化电路图　　　　　　　（b）混频原理图

图 4 - 49　基于 GFET 的三端口混频器工作原理图

2. 石墨烯光电混频器

石墨烯超高的载流子迁移率、超高饱和速度和零带隙特性,决定了固定光功率下 GPD 的光电流在很大偏压范围内线性变化。石墨烯的常数吸收系数及可饱和吸收特性,决定了固定偏压下 GPD 的光电流随光功率首先线性增长,然后非线性增长,最后饱和的特性。GPD 的独特光电响应蕴含了丰富的物理本质,可被开发利用实现新型光电混频器,用于实现光信号和电信号的直接混频,以及研制双光信号光电混频器,实现两路强度调制光信号的直接混频。

在较小偏压和较小光功率作用下,GPD 的光电流正比于漏偏压和入射光功率,即

$$I_{ph} \propto V_d \cdot P_{opt} \tag{4-7}$$

式中,V_d 为漏偏压(设其是振幅为 V_m 的正弦波);P_{opt} 为入射光功率(设其为强度从零开始到 P_m 的正弦波)。

则 V_d 和 P_{opt} 可分别表示为

$$V_d = V_m \sin(2\pi f_e + \phi_1) \tag{4-8}$$

$$P_{opt} = [P_m \sin(2\pi f_o + \phi_2) + P_m]/2 \tag{4-9}$$

式中,f_e 为偏压电信号的频率;f_o 为光信号的频率;ϕ_1 和 ϕ_2 分别为电信号和光信号的相位。则

$$I_{ph} \propto V_m P_m [\sin(2\pi f_o + \phi_2)\sin(2\pi f_e + \phi_1)/2 + \sin(2\pi f_e + \phi_1)] \tag{4-10}$$

其中

$$[\sin(2\pi f_o + \phi_2)]\sin[2\pi f_e + \phi_1] = 1/2\{\cos[2\pi(f_o - f_e) + (\phi_2 - \phi_1)]$$
$$- \cos[2\pi(f_o + f_e) + (\phi_2 + \phi_1)]\} \tag{4-11}$$

由式(4-11)可知,光电流信号中包含了电信号和光信号的混频信号,因此借助 GPD 的线性区可以实现光域信号和电域信号直接混频。光电混频器的原理可以参考传统的三端口混频器,这里偏压可以调节 GPD 对入射光的响应,从而实现混频功能。笔者研制了世界上首个基于石墨烯的光电混频器,完成了 1 GHz 光信号和 2 MHz 电信号的混频,得到 998 MHz 和 1 002 MHz 的混频信号,

实现了上变频功能。A. Montanaro 等参照这一工作,实现了 29.9 GHz 电信号和 30 GHz 光信号的混频,得到 100 MHz 的下变频信号,实现信号下载功能。

基于空间入射 GPD 的光电混频器,虽然结构简单,但是光探测效率很低,最终导致混频效率很低。其原因是单层石墨烯只能吸收 2.3% 的光功率,绝大部分光功率都被浪费。因此需要设计波导集成的 GPD,以增加石墨烯和入射光的相互作用,从而在降低所需光功率的同时提高混频效率。图 4-50 为波导集成石墨烯光电混频器结构示意图。波导中传输频率为 f_1 的光信号,源端输入频率为 f_2 的小振幅电信号,在 GPD 漏端电极可得到混频信号 $f_2 - f_1$ 和 $f_2 + f_1$。利用具有较小折射率的氮化硅制作光波导,能够增强波导中光信号与石墨烯相互作用,可进一步降低输入光功率。

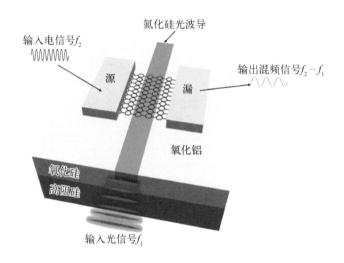

图 4-50　波导集成石墨烯光电混频器结构示意图

3. 石墨烯双光混频器

石墨烯的狄拉克锥能带结构决定了其较低的态密度,使石墨烯成为最佳的可饱和吸收材料。GPD 光电响应中的热载流子效应增强了 GPD 光电响应的饱和特性。因此 GPD 光电响应的非线性特性很明显,利用这种非线性特性可以直接实现两束光信号的探测和混频。其混频原理本质上和传统的两端口混频器相似,其原理如图 4-51 所示。频率为 f_2 的光信号的振幅较大,频率为 f_1 的光信号的振幅较小,可以看成小信号。频率为 f_2 的信号光和 GPD 作用,能够

图 4 - 51 非线性
GPD 实现双光信
号混频原理图

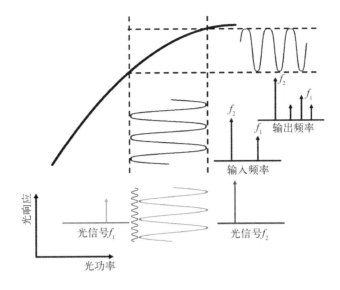

调节 GPD 中石墨烯对光的吸收率,即调节 GPD 对频率为 f_1 的信号光的吸收,从而使 GPD 对频率为 f_1 的信号光的吸收率周期性变化,最终使光电流中包含了混频成分。

如果定义频率为 f_1 的光信号为射频光信号,定义频率为 f_2 的光信号为本振光信号,则混频电信号 $f_1 - f_2$ 为中频电信号,即可用本振光信号将射频光信号中的中频信号直接下载。如果定义频率为 f_1 的光信号为本振光信号,定义频率为 f_2 的光信号为中频光信号,则混频电信号 $f_1 + f_2$ 为射频电信号,即可用本振光信号直接调制中频光信号得到射频电信号。因此借助 GPD 可以实现光信号对光信号承载的电信号的直接调制和解调,此技术有望被应用在下一代光通信网络中。

图 4 - 52 展示了双光信号混频技术的一种潜在应用场景。在数据中心,下行中频电信号经过放大器放大后驱动直调激光器,得到下行中频光信号,通过光纤和数据中心发出的本振光信号合束后同时传输至基站,在基站照射到 GPD 表面。此时 GPD 能够实现上变频功能,产生的下行射频电信号通过放大器放大后由天线发射给终端用户。与此同时,基站天线接收的上行射频电信号经过放大后驱动直调激光器产生上行射频光信号,通过光纤传输至数据中心,和数据中心的本振光信号合束后同时照射到 GPD 表面。此时 GPD 能够实现下变频功能,

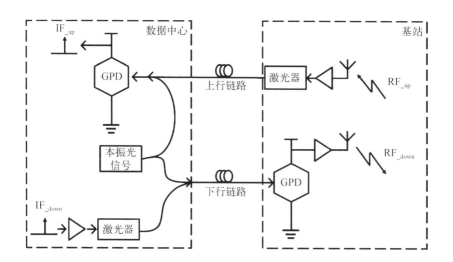

图 4 - 52 基于 GPD 的双光混频技术在通信系统中的潜在应用

产生上行中频电信号。这种通信网络中本振光信号可以通过比较成熟的锁模激光器或者光拍频技术产生,借助光纤网络传输到所有基站,大大降低了基站的设计复杂度,从而降低了通信网络的造价。

通过在石墨烯表面构建非对称电极来实现非线性更加明显的 GPD,其结构和工作原理示意图如图 4 - 53 所示。波长为 λ_1、频率为 f_1 的强度调制光信号和波长为 λ_2、频率为 f_2 的强度调制光信号同时照射到 GPD 有源区,可得到混频电信号 $f_2 + f_1$ 和 $f_2 - f_1$。

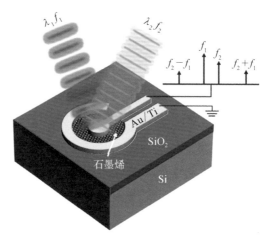

图 4 - 53 基于 GPD 的双光信号光电混频器结构与工作原理示意图

成功设计具有非对称电极结构的 GPD 是该工作取得成功的最重要环节,下面详细分析采用非对称电极结构的原因。GPD 在光照下产生光电流,其产生机制主要包括光伏效应、光热电效应和光热效应。光伏效应为石墨烯吸收光子后产生电子空穴对,电子空穴对在电场作用下互相分离,从而产生对外光电流。此时的电场可以是外加电场(例如加偏压),也可以是内建电场(例如石墨烯 pn 结或者石墨烯 /金属电极接触产生的电场)。当入射光功率较大时,内建电场会被

石墨烯微电子与光电子器件

部分屏蔽,因此光响度应会有所降低,使 GPD 具有一定的非线性特性。但是,由于内建电场能够迅速将电子空穴对分离,不会存在载流子大量积累,因此光伏效应占主要作用时,GPD 光电流饱和特性较弱。光热电效应是石墨烯吸收光子后产生高能电子,这种电子的能量不能通过声子的形式释放给石墨烯晶格,会不断地将能量传给其他电子,仿佛电子被加热,这种热电子能够被电极收集,从而产生对外光电流。由于电子被加热后不易再吸收光子,因此随着光功率的增大,GPD 的光电流不再明显增加。当光热电效应在 GPD 光电响应中占主要作用时,GPD 的非线性光响应会更加明显。然而热载流子的产生需要 GPD 有源区具有金属/石墨烯接触或者具有 pn 结。在 GPD 有源区形成有效的 pn 结会增加器件的结构复杂度和制作难度。由于几乎所有的 GPD 都具有金属-石墨烯-金属(MGM)结构,如果能在有源区形成有效的金属/石墨烯接触,也能获得光响应非线性度比较大的 GPD。

2009 年,F.N. Xia 等研制的世界上首只 GPD,将聚焦光照射到电极和石墨烯交界处,利用金属电极和石墨烯的接触电势实现了高速光探测。然而在现实光纤通信系统中,光信号是通过单模光纤照射到 GPD 表面的。由于光斑面积较大,GPD 有源区面积较小,两个金属/石墨烯边界都暴露在光场中,净的光电流为零。为了解决这一问题,T. Mueller 等利用两种金属制作电极,获得了可用于光通信的 GPD。然而,使用两种金属会大大增加器件的制作难度和成本。因此本节所述工作引入非对称电极结构,不同电极与石墨烯接触的界面的长度不同,因此形成的金属/石墨烯结的长度不同,其长度之差即为在 GPD 有源区形成的有效金属/石墨烯结的长度。因此借助非对称电极,成功在 GPD 有源区实现有效的金属/石墨烯接触。此外,这种圆形的电极结构的尺寸可以很好地匹配单模光纤中的光斑形状,保证大部分的入射光能够照射到 GPD 有源区的石墨烯表面。因此,该工作中实现的空间入射 GPD 的结构很有潜力成为未来光通信系统中比较常用的结构。

笔者首先测试了零偏压下,GPD 的光电流随光功率的变化。借助非对称电极结构,实现了零偏压时对光信号的探测。在光功率小于 50 mW 时,光电流几乎随光功率线性变化;当光功率超过 50 mW 时,非线性光响应越来越明显,在光功率达到 100 mW 时几乎达到饱和。这里的非线性光响应特性可能和以下四种效应有关:(1) 热载流子产生导致的光热电效应,其可能占主要作用;(2) 光功率很强时导致 GPD 沟道衬底温度升高,从而加热石墨烯,增强了光生载流子被散射的概率,降低了对外净电流;(3) 石墨烯的饱和吸收特性在光功率很大时变得比较明显,降低 GPD 对光的吸收率,从而降低内量子效率;(4) 屏蔽效益降低石墨烯和金属电极的接触电势差,从而降低光生电子-空穴对的分离效率和被电极收集的速度,最终导致非线性度增加。

为了提高双光信号光电混频效率,需要寻找最佳工作点,即找到 GPD 非线性度最大的偏置电压,因此需要研究不同偏压作用下 GPD 的非线性特性。利用新型的光电倍频的方法来研究不同偏压下 GPD 的非线性度,其原理如图 4-54 所示。利用基于 GPD 的光电倍频器的二倍频变频增益来确定不同偏压下的 GPD 的非线性度。实验上,设置不同 GPD 偏压,测试在调制频率为 10 MHz,功率为 100 mW 的信号光作用下的 GPD 的输出频谱。二倍频变频增益随偏压的变化关系如图 4-55 所示。由测试结果可知在 1.5 V 偏压作用下,变频增益达到最大值,为 -15.9 dB,这表明在偏压为 1.5 V 时 GPD 的光电响应非线性度最大。一方面,随着偏压的增加,光生载流子能够加快分离,光响应线性度会增加;另一方面,偏压增大,零带隙的石墨烯的暗电流增大,对光生载流子的散射增加,从而增加了 GPD 光响应的非线性度。然而随着偏压的进一步增大,光生载流子能够被电极迅速收集,降低了散射对光生载流子的影响,从而 GPD 的光响应的线性度会增加。综合考虑这几种效应,GPD 光响应非线性度在 1.5 V 时达到最大值是可以理解的。

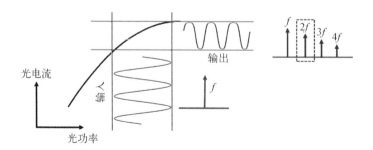

图 4-54 光电倍频器工作原理图

石墨烯微电子与光电子器件

图 4 - 55 基于 GPD 的光电倍频器的变频损耗与偏压的关系

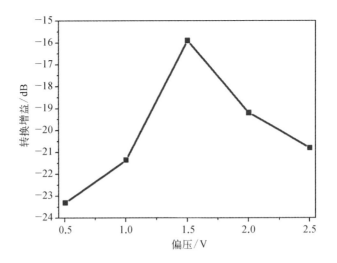

为了研究本节中的 GPD 作为光电倍频器的高频性能,笔者测试了 1.5 V 偏压下,GPD 对调制频率为 2 GHz 的光信号的频谱响应,其测试结果如图 4 - 56 所示。由测试结果可知,4 GHz 的倍频信号的变频增益为 - 19 dB,考虑到测试系统同轴电缆的大约 3 dB 传输损耗,其器件内部的变频增益约为 - 16 dB,和低频时比几乎没有性能退化,这受益于石墨烯超高的载流子迁移率。

图 4 - 56 GPD 对 2 GHz 光信号的响应频谱

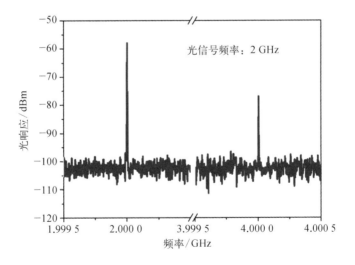

利用混频器实现频率的上变换和下变换能够服务于信号的发射和下载,在通信系统中发挥着不可替代的作用。下面介绍利用 GPD 光响应的非线性实现

两个不同频率强度调制光信号的直接混频，实现信号的上变频和下变频。图 4-57 为测试简图，以实现下变频为例，展示了 GPD 工作为混频器时的测试原理。两个波长可调激光器发出的连续激光被两个光调制器分别调制成频率为 f_1 和 f_2 的正弦脉冲光信号，经过光纤合束器合束后被光纤放大器放大。放大后的光信号照射到 GPD 有源区。此时定义 f_1 为输入射频光信号，f_2 为输入本振光信号，输出为中频电信号，即实现了两个光信号的直接混频，利用本振光信号从射频光信号中直接下载中频电信号。如果利用传统的 PD 和混频器，需要首先利用 PD 将光信号转换成电信号，再利用混频器将两个电信号混频。由此可知此结构的 GPD 集光信号探测和混频于一体，大大简化了器件复杂度，在未来光通信网络中具有巨大的推广潜力。图中的偏置器具有两个作用，一是给 GPD 施加适合的偏压，二是提取 GPD 输出的高频信号。

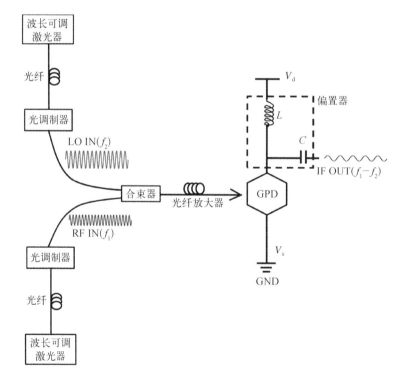

图 4-57 GPD 工作为光电下变频器测试电路简图

测试下变频实验设置为：射频光信号 f_1 频率为 2.1 GHz，光功率为 2.5 mW，载波波长为 1570 nm；本振光信号 f_2 频率为 2 GHz，光功率为 97.5 mW，载波波长

石墨烯微电子与光电子器件

为 1 530 nm。选择不同波长的载波是为了验证 GPD 的光学宽带特性,同时为了表明这种基于 GPD 的双光信号光电混频器具有应用到不同波段光通信系统中的潜力。偏压设置为 1.5 V,此时 GPD 的光响应非线性度最大。两束光通过光纤合束器耦合进入单模光纤,单模光纤对准 GPD 有源区。

测试结果如图 4-58 所示。由测试结果可知,由 2.1 GHz 下变频到 100 MHz 的下变频增益为 -2.5 dB。变频增益的高低由本振光信号对 GPD 的光响应的调制作用的强弱有关,调制作用越强,变频增益越高。由此可知,2 GHz 的本振光信号能有效调制 GPD 的光响应度,这和石墨烯的饱和吸收特性密切相关。当高功率的本振光信号和石墨烯相互作用时,石墨烯的吸收系数会下降,此时 GPD 对射频光信号的吸收同时降低,从而使 GPD 对射频光信号的光响应受到本振光信号的调制,最终 GPD 输出频谱中包含了下变频信号。

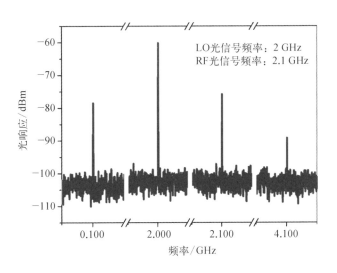

图 4-58 GPD 工作为下变频器输出频谱

下变频能够实现中频信号的下载,上变频能够将中频信号调制成射频信号,在通信系统中不可或缺。直接用本振光信号将中频光信号调制成射频电信号,能够通过天线发射出去,被用户终端接收。由于本振信号和中频信号都是光信号,具有传输速度快、损耗小等优点,能够高效地将信息由数据中心传送到基站。光信号在基站和 GPD 作用,直接产生射频电信号发射出去,大大降低了基站的设计复杂度,具有广阔的应用前景。

图 4-59 显示的是 1.5 V 偏压下,GPD 在功率为 10 mW、频率为 3 GHz 本振光信号和功率为 90 mW、频率为 10 MHz 中频光信号作用下的输出频谱图。由测试结果可知,利用 GPD 成功实现了上变频功能。此时的上变频增益大约为 −17 dB。

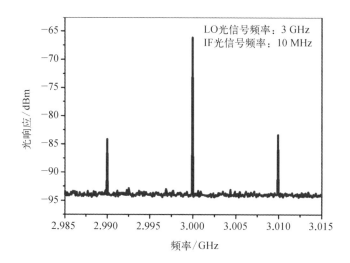

图 4-59　GPD 工作为上变频器的输出频谱

本小节主要介绍了基于石墨烯的新型光电混频器件,主要涉及光电混频器和双光信号光电混频器。利用 GPD 的线性光响应能够实现电信号和光信号的直接混频,可以大大简化将来的 RoF 通信系统;利用 GPD 的非线性光响应能够实现光信号和光信号的直接混频;利用光信号直接对光载电信号的调制和解调,具有巨大潜力应用到下一代通信系统中。本章通过在机械剥离石墨烯表面构建非对称电极结构,获得了世界上首个基于 GPD 的双光信号光电混频器,将 10 MHz 光信号和 3 GHz 光信号照射到 GPD 表面,得到(3±0.01)GHz 的上变频信号;将 2.1 GHz 的光信号和 2 GHz 的光信号照射到 GPD 表面,得到 100 MHz 的下变频信号。同时提出了一种光电倍频技术,可用于研究 GPD 光响应的非线性度的强弱。

第 5 章

石墨烯光电器件与
硅 CMOS 芯片集成

前面几章介绍了分立的石墨烯微电子器件和光电子器件,石墨烯凭借超高的载流子迁移率、费米能级高效可调、宽波段的光电响应特性,十分适合研制高速射频微电子器件和光电子器件。超高的载流子迁移率使其可以成为超高速射频器件;费米能级高效可调使其具备丰富的非线性特性,可以实现频率变换的射频器件;宽波段的光电响应特性使其可以成为宽光谱响应的光电器件,突破了传统半导体光电子器件只能响应特定波长的限制。基于石墨烯的光电子器件弥补了硅在该领域的不足,展示了与传统半导体材料不同的优良特性,真正发挥了石墨烯卓越的材料特性,可用于射频、太赫兹、光通信、红外成像等领域,是石墨烯潜在的"杀手锏"应用领域。

如果把石墨烯在光电子器件领域的优势和硅在微电子器件领域的优势相结合,便可充分发挥石墨烯在宽波段光电响应的优势和硅在电信号放大和处理方面的优势,制备宽波段、高性能、高集成度的石墨烯光电集成芯片。石墨烯与硅互补金属氧化物半导体(Complementary Metal Oxide Semiconductor,CMOS)电路单片集成充分结合了石墨烯优良的光学特性和硅基集成电路绝佳的电学特性,是突破后摩尔时代集成电路芯片性能瓶颈的重要途径。

为了实现石墨烯光电子和硅基微电子的融合,我们将石墨烯探测器和硅基CMOS集成电路芯片单片集成,首次研制了单片集成石墨烯光接收芯片,实现了石墨烯光电集成芯片。该光电集成芯片的光电探测功能由石墨烯来实现,光电流放人功能由硅基CMOS集成电路来实现,充分发挥了石墨烯在长波段光电探测和硅在信号放大处理方面的优势。在单个石墨烯探测器基础上,将多个石墨烯探测器阵列和硅基CMOS电路集成即可实现成像的功能。由于石墨烯在红外波段具有良好的光电响应特性,因此可实现红外成像的功能。目前,西班牙巴塞罗那科学与技术研究所已经初步研制成功单片集成石墨烯红外成像芯片。石墨烯光电集成红外成像芯片具有很高的灵敏度,且可工作在室温下,避免了传统

InGaAs红外成像芯片需要复杂的液氮制冷,具有低成本、高集成度、高成品率的优势,在红外成像领域具有广阔的市场前景。

5.1　单片集成石墨烯光接收机芯片

　　石墨烯光电探测器和硅基 CMOS 电路单片集成可以用于实现宽光谱、高速光通信中的光接收机功能以及红外成像功能。受益于石墨烯材料的零带隙,石墨烯光电探测器具有超宽的光学带宽,能够覆盖紫外到中远红外波段,这是其他传统的具有带隙的半导体材料所无法企及的。受益于石墨烯超高的载流子迁移率,石墨烯光电探测器具有超高的电学带宽,理论上可达 500 GHz,有潜力超过目前速率最快的Ⅲ-Ⅴ族光电探测器。

　　单片集成石墨烯光接收机具有可同时探测短距离光通信 850 nm 波段,以及长距离光通信中 1 300 nm 和 1 550 nm 波段。石墨烯光电探测器的制作工艺和硅基集成电路中 CMOS 工艺兼容,因此可以充分利用 CMOS 工艺成熟、价格低廉、集成度高、高可靠性的优势实现单片集成石墨烯光接收机芯片批量生产,提高成品率、降低成本。单片集成方案还具有如下优势:消除了传统的混合集成方案中电磁干扰的影响,可以降低误码率提高稳定性;消除了因封装引线带来的寄生电容、电感的影响,改善了接收机的频率特性;不需要倒装焊或者金丝压焊等额外压焊点,减小了芯片面积。

5.1.1　光接收机前端 CMOS 电路

　　光电探测器是光电转换器件,其作用是把接收到的光信号转换为电流,对探测器的基本要求是高光电转换效率、低附加噪声和快速响应。在经历了光纤衰减后,信号到达接收端时已经很微弱,探测器产生的光电流也非常微弱,因此需要一个低噪声、高增益的前置放大器——跨阻抗放大器(Trans-Impedance Amplifier,TIA)对信号进行放大,同时将电流信号转换成电压信号。前置放大器是接收机的关键部分,它决定了整个接收机的噪声特性和系统带宽。对前置放大器的主要要求是低噪声和宽带宽,既提供足够大的放大倍数以减小等效输入噪声电流,又能够隔离探测器寄生电容对带宽的恶化。

为了得到较宽的带宽,TIA 的等效输入阻抗通常较小以避免探测器寄生电容在输入端形成低频主极点限制带宽。等效输入阻抗主要取决于跨阻值,同时跨阻值也决定了 TIA 增益,因此为了得到较宽带宽,前置放大器的增益不能太高,其输出电压范围为几至几十毫伏。由于后续时钟恢复及数据判决电路的理想输入电压的范围大约为几百毫伏至一点几伏,中间就需要有进一步获得 40~50 dB 增益的主放大器,其任务是把前端输出的毫伏级信号放大到后续电路所需的电平。经主放大器放大后的数据信号需要被重新定时,并进行幅度判决,从而实现数据的再生。再经分接器降低数据比特速率,供后续信号处理电路使用。

1. 跨阻放大器特性参数

TIA 是光接收机中最前端的电路,它的作用是将光探器的微弱电流脉冲转换为具有一定幅度的电压脉冲信号,作为光接收机中的关键部分,其性能在很大的程度上决定了整个光接收机的性能。特别是其噪声特性对接收机的灵敏度产生决定性的影响,而后续电路如主放大器 LA 的噪声等效为输入端电流时被除以跨阻增益,因此它的噪声特性对系统的影响不如 TIA。设计 TIA 主要需要注意以下几点:尽量减小等效输入噪声电流,提高灵敏度,减小误码率;提供足够的带宽,通常取带宽为 0.7 倍信号速率;产生足够大的增益,以克服后续电路噪声的影响。这三个要求是相互制约和相互影响的,带宽的增加将导致噪声的增加和增益的下降。此外,当温度变化时放大器应当保持增益、带宽和灵敏度的稳定。输入阻抗要足够小,以避免探测器寄生电容对带宽的影响。

（1）噪声、误码率和灵敏度

接收机不是对任何微弱的信号都能实现正确接收的,这是因为信号在传输、探测及放大的过程中,总会受到各种各样的干扰,不可避免地要引入一些噪声。来自自然环境或空间的无线电波及周围的电气设备的电磁干扰,可以通过屏蔽等方式减弱或防止。但是在接收机内部产生的随机噪声,人们只能通过改进电路设计和制造工艺方法尽量减少,却不能完全消除它的影响。接收机的噪声主要包括热噪声和闪烁噪声,探测器的噪声主要包括散粒噪声和暗电流噪声。

热噪声是在有限温度下,导电体内自由电子和振动离子间热相互作用引起的一种随机脉动,即使没有外加电压也会出现电流波动,或者说尽管平均电流为零,但也会引起导体两端电压的波动。电阻热噪声电流谱密度和晶体管沟道电流热噪声分别为

$$\overline{I_{\text{nrh}}^2} = \frac{4kT}{R} \tag{5-1}$$

$$\overline{I_{\text{nth}}^2} = 4kT\gamma g_{\text{m}} \tag{5-2}$$

闪烁噪声出现的原因为 MOS 晶体管的栅氧化层和硅衬底的界面会出现许多"悬挂键",当电荷载流子运动到这个界面时,有一些被随机地俘获从而在漏电流中产生"闪烁"噪声。闪烁噪声可以用一个与栅极串联电压源表示为

$$\overline{V_{\text{ntf}}^2} = \frac{K}{C_{\text{ox}}WL} \frac{1}{f} \tag{5-3}$$

探测器的散粒噪声 $i_{\text{s}}(t)$ 是一种电流涨落,由随机时间产生的电子流组成,从统计上讲,它是一个平稳随机过程,服从泊松分布,实际应用中可用高斯分布近似。根据 Wiener - Khinchin 定理,$i_{\text{s}}(t)$ 的自相关函数与谱密度 $S_{\text{s}}(f)$ 有关,经过计算可得噪声方差为

$$\sigma_{\text{s}}^2 = \langle i_{\text{s}}^2(t) \rangle = \int_0^{\infty} S_{\text{s}}(f)\mathrm{d}f = 2qI_{\text{p}}\Delta f \tag{5-4}$$

式中,σ_{s}^2 通常称为有效电流波动(其大小与恒定光电流以及 Δf 成正比);Δf 是接收机的有效噪声带宽(其实际值取决于对噪声的观察点)。

探测器漏电流指的是探测器两端加反向偏压时,在没有光照的条件下也会引起微弱的漏电流噪声,但这些噪声并非本征噪声,可以通过合理设计以及工艺上的严格控制来降低。

上述各种噪声叠加在信号上,恶化了信号幅度,使眼图张不开,增加了误码率。因此有必要计算对于一定的误码率下,多大的噪声可以被容忍。为了推导

噪声对误码率的影响,我们假设噪声概率密度函数 *PDF* 服从高斯分布,如图5-1所示

$$P_n = \frac{1}{\sigma_n \sqrt{2\pi}} \exp \frac{-n^2}{2\sigma_n^2} \tag{5-5}$$

式中,σ_n 表示噪声的均方根值,高斯分布特性表明噪声在 $[-\sigma_n, +\sigma_n]$ 和 $[-2\sigma_n, +2\sigma_n]$ 之间的概率分别为 68% 和 95%,通常假设噪声分布不超过 $\pm 4\sigma_n$。

图 5-1 噪声的高斯分布特性

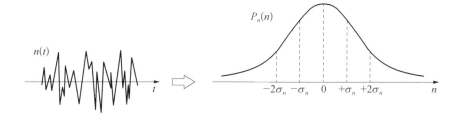

对于无噪声的信号,假设高低电平出现的概率相等,那么它的概率密度函数为两个分立的谱线位于正负 V_0,如图 5-2(a)所示。叠加噪声后两条分立谱线被展宽,如图 5-2(b)所示。两条谱线的交叠部分(阴影部分)即为出现错误判决的概率。将低电平误判为高电平、高电平误判为低电平的概率分别为

$$P_{0 \to 1} = \frac{1}{2} \int_0^{+\infty} \frac{1}{\sigma_n \sqrt{2\pi}} \exp \frac{-(u+V_0)^2}{2\sigma_n^2} \mathrm{d}u \tag{5-6}$$

$$P_{1 \to 0} = \frac{1}{2} \int_{-\infty}^0 \frac{1}{\sigma_n \sqrt{2\pi}} \exp \frac{-(u-V_0)^2}{2\sigma_n^2} \mathrm{d}u \tag{5-7}$$

由于高低电平出现的概率相同,因此两个误判概率相等,只须计算一种即可。作变量代换:$z = (u + V_0)/\sigma_n$,上式简化为

$$P_{0 \to 1} = \frac{1}{2} \int_{V_0/\sigma_n}^{\infty} \frac{1}{\sqrt{2\pi}} \exp \frac{-z^2}{2} \mathrm{d}z = \frac{1}{2} Q\left(\frac{V_0}{\sigma_n}\right) \tag{5-8}$$

其中 Q 函数定义为

$$Q(x) = \int_x^{\infty} \frac{1}{\sqrt{2\pi}} \exp \frac{-u^2}{2} \mathrm{d}u$$

因此

$$P_{\text{tot}} = Q\left(\frac{V_0}{\sigma_n}\right)$$

式中,V_0 为信号峰峰值幅度的一半;σ_n 表示噪声的均方根值。

写成信号峰峰值形式

$$P_{\text{tot}} = Q\left(\frac{V_{\text{pp}}}{2\sigma_n}\right) \qquad (5-9)$$

式中,V_{pp}/σ_n 表示信噪比(σ_n 为噪声谱密度在信道带宽内的积分,$\sigma_n \propto \sqrt{BW}$)。

因此减小带宽能提高信噪比,减小误码率。但是如下文所述,带宽的减小会增加噪声引起的抖动,增大误码率。折中考虑,一般取信道带宽为 0.7 倍比特率。

对于 $x > 3$,即信噪比大于 6 时,Q 函数简化为

$$Q(x) \approx \frac{1}{x\sqrt{2\pi}} \exp\frac{-x^2}{2} \qquad (5-10)$$

图 5-2

(a)无噪声信号概率密度函数

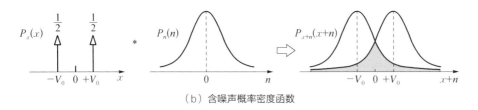

(b)含噪声概率密度函数

图 5-3 画出了 Q 函数图形,对于误码率小于 10^{-9} 以后,信噪比每增加 1,误码率大概减小三个数量级。其中 $Q(6) \approx 10^{-9}$,$Q(7) \approx 10^{-12}$,$Q(8) \approx 10^{-15}$。

在特定误码率下所对应的最小入射光功率为

　　　　　　　　　　　　　　　　　　石墨烯微电子与光电子器件

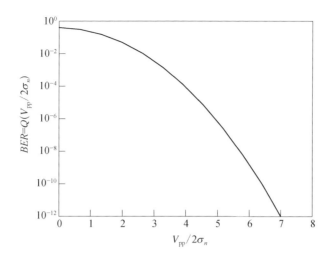

图 5 - 3　误码率
BER 随信噪比的
变化

$$P = \frac{SNR\sqrt{\overline{I_{n,\,in}^2}}}{R_0} \tag{5-11}$$

式中，SNR 指的是对应特定误码率的信噪比；$\overline{I_{n,\,in}^2}$ 为总的等效输入噪声电流；R_0 为探测器响应度。

通常将最小入射光功率 P 表示成灵敏度 S，即 $\mathrm{dBm}[10\times\lg(P/1\mathrm{mW})]$。

（2）带宽

从低噪声的角度看，TIA 带宽应该越小越好，以减小总的噪声积分电流，提高信噪比从而减小误码率。然而，有限的带宽会引起码间干扰（Inter-Symbol Interference，ISI），使眼图张开度在水平方向和垂直方向都减小，加大了误判决概率，增加了误码率。因此应该在两者之间折中考虑，在满足一定的码间干扰的要求下，尽可能减小 TIA 的带宽。

对于单极点系统，当带宽分别等于 R_b、$0.7R_b$ 和 $0.5R_b$ 时（R_b 为数据比特率），眼图垂直方向闭合度分别为 $0.033\,\mathrm{dB}$、$0.216\,\mathrm{dB}$ 和 $0.79\,\mathrm{dB}$，对于后两者带宽，噪声性能分别提高了 $0.79\,\mathrm{dB}$ 和 $3\,\mathrm{dB}$。有限带宽引起数据过零点的偏移称为抖动，抖动会引起眼图水平方向张开度的恶化。同样对于单极点系统，在带宽分别等于 R_b、$0.7R_b$ 和 $0.5R_b$ 时，抖动分别等于 0.03%、0.28% 和 1.38%。在实际的多极点系统，需要仔细模拟才能得到眼图水平和垂直方向的张开度。根据优化值和经验值一般选取带宽为 $0.7R_b$。

对于跨阻前置放大器来说，输入电容 C_i 与输入电阻 R_i 是影响带宽主要因素。TIA 的输入电容，主要包括探测器的寄生电容 C_d 和 IC 封装电容 C_p，其值一般固定不可改变，只能通过改变等效输入电阻来改变带宽。增大开环增益或者减小反馈电阻，都能减小等效输入电阻，从而展宽跨阻抗放大器频带。但是，减小反馈电阻不仅会增大噪声，而且会减小跨阻增益，使前置放大器的灵敏度降低。一般取反馈电阻为千欧量级，通过增加放大器开环增益的方式来减小输入阻抗。

（3）增益

TIA 将探测器产生的电流信号转换为电压信号，因此增益为跨阻增益，单位为欧姆。增益必须足够大以减小等效输入噪声电流和克服后续放大电路噪声的影响。增益要折中考虑带宽、噪声、功耗的影响，以优化电路的系统性能。在高速和低电压设计中，TIA 的增益可能只有几百欧姆，这使接下来的设计变得非常困难。例如，如果一个限幅放大器的输入噪声为 5 nV · $Hz^{-1/2}$，而必须要求 TIA 电路把噪声减小到 1 pA · $Hz^{-1/2}$，那么就要跨阻增益 $Z_T = 5$ nV / 1 pA $= 5$ kΩ。

（4）过载

如果输入光功率过大，大的探测器电流会使得 TIA 过载饱和。虽然二进制光通信对线性度要求不高，但是过载仍然会恶化 TIA 性能。例如会使双极管进入饱和区，不能正确响应下一个脉冲。晶体管偏离正常的工作区也会使反馈环路性能恶化，通过小信号推导的反馈电路理论将不再适用。过载问题可以通过自动增益控制（Automatic Gain Control，AGC）来解决，通过检测输入或者输出信号幅度来动态调整跨阻增益。

2. 跨阻放大器理论

一个简单的电阻就可以完成将电流信号转化到电压信号的功能，但是它的噪声很大，带宽也很低，且电压裕度很有限。一般采用跨阻结构放大器来减小噪声和带宽的折中关系，跨阻结构放大器可以分为开环和闭环两种。开环结构，例如共栅输入级，在较大的偏置电流和较大的输入管下，其栅极输入端电阻可以很小,因此这种共栅输入级开环结构能够实现较大的带宽,但是它的缺点是共栅输入级的偏置电流噪声直接叠加到了输入端,产生了较大的噪声电流。采用闭环 TIA 结构能够解决这一问题。闭环 TIA 采用"并联-并联"反馈结构,即在输出端检测电压的变化以电流的形式反馈到输入端,这样既可以减小输入端阻抗实现宽带宽,又可以减小输出端阻抗实现较强的驱动能力。我们分别讨论一阶和二阶闭环 TIA 性能特性。

图 5-4 闭环 TIA

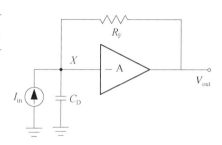

（1）一阶闭环跨阻放大器

图 5-4 为闭环 TIA 示意图,其跨阻增益可以表示为

$$\frac{V_{\text{out}}}{I_{\text{in}}} = -\frac{A}{A+1} \cdot \frac{R_{\text{F}}}{1 + \dfrac{R_{\text{F}}C_{\text{D}}}{A+1}s} \qquad (5-12)$$

由此可见它的带内增益为 R_{F},但是时间常数减小为 $R_{\text{F}}C_{\text{D}}/(A+1)$,即 $-3\,\text{dB}$ 带宽为

图 5-5 闭环 TIA 噪声源

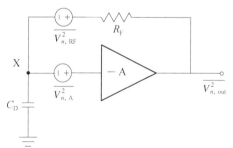

$$f_{-3\,\text{dB}} \approx \frac{1}{2\pi} \cdot \frac{A}{R_{\text{F}}C_{\text{D}}}$$

闭环 TIA 的噪声特性推导过程如图 5-5 所示,由 $V_X = V_{n,\text{out}}/(-A) + V_{n,\text{A}}$ 得

$$\left(V_{n,\text{out}} + \frac{V_{n,\text{out}}}{A} - V_{n,\text{A}} - V_{n,\text{RF}}\right)\frac{1}{R_{\text{F}}} = \left(-\frac{V_{n,\text{out}}}{A} + V_{n,\text{A}}\right)C_{\text{D}}s \qquad (5-13)$$

因此输出端噪声为

$$V_{n,\text{out}} = \frac{V_{n,\text{RF}} + (R_{\text{F}}C_{\text{D}}s + 1)V_{n,\text{A}}}{1 + R_{\text{F}}C_{\text{D}}s/A}$$

当 C_{D} 为零时,输出噪声只包含跨阻噪声和放大器噪声,得到输入噪声电流

$$\overline{I_{n,\text{in}}^2} = \frac{\overline{V_{n,\text{RF}}^2} + \overline{V_{n,\text{A}}^2}}{R_F^2} = \frac{4kT}{R_F} + \frac{\overline{V_{n,\text{A}}^2}}{R_F^2} \tag{5-14}$$

由此可见,放大器的噪声等效到输入端时被除以 R_F,和开环结构噪声电流直接叠加到输入端相比,大大减小了输入噪声电流。

(2) 二阶闭环跨阻放大器

实际的放大器 A 至少包括一个极点,加上输入电容电阻的第二个极点,我们需要考虑二阶闭环 TIA 的性能。假设放大器传输函数为

$$A(s) = \frac{A_0}{1 + s/\omega_0} \tag{5-15}$$

和一阶推导类似,得到二阶 TIA 跨阻增益为

$$\frac{V_{\text{out}}}{I_{\text{in}}} = -\frac{A(s)R_F}{A(s) + 1 + R_F C_D s} = -\frac{A_0 R_F}{\dfrac{R_F C_D}{\omega_0} s^2 + \left(R_F C_D + \dfrac{1}{\omega_0}\right) s + A_0 + 1}$$

$$= -\frac{\dfrac{A_0 \omega_0}{C_D}}{s^2 + \dfrac{R_F C_D + 1/\omega_0}{R_F C_D/\omega_0} s + \dfrac{(A_0 + 1)\omega_0}{R_F C_D}} \tag{5-16}$$

二阶系统可能面临稳定性问题,我们对比控制论中常用的分母表达形式 $s^2 + 2\zeta\omega_n s + \omega_n^2$ 得到

$$\zeta = \frac{1}{2} \frac{R_F C_D \omega_0 + 1}{\sqrt{(A_0 + 1)\omega_0 R_F C_D}} \tag{5-17}$$

$$\omega_n^2 = \frac{(A_0 + 1)\omega_0}{R_F C_D}$$

取阻尼因子最优值 $\zeta = \dfrac{\sqrt{2}}{2}$ 得到

$$\omega_0 \approx \frac{2A_0}{R_F C_D} \tag{5-18}$$

在最优阻尼因子下,将其代入跨阻增益表达式,推导得到二阶系统 $-3\,\text{dB}$ 带

宽为

$$f_{-3\,dB} = \frac{1}{2\pi} \cdot \frac{\sqrt{2}\,A_0}{R_F C_D} \tag{5-19}$$

有意思的是该值是一阶闭环 TIA 带宽的 1.4 倍！这是因为放大器 A 的极点在输入阻抗中形成了感性成分,阻止了输入电容在高频处时输入阻抗的滚降。

5.1.2 石墨烯光电探测器和 CMOS 前端接收电路单片集成

目前广泛使用的光收发模块使用的均是价格昂贵的Ⅲ-Ⅴ族材料,通过混合集成的方式将Ⅲ-Ⅴ族化合物材料光电子器件和采用双极工艺或 GaAs 材料来实现的电路集成在一起。通常采用的混合集成方式有金丝球焊(Wire Bonding)或是较先进的倒装焊技术(Flip-Chip Bonding),使光器件的焊点与集成电路的焊点被键合在一起。基于Ⅲ-Ⅴ族材料的光电子器件收发模块的优点在于其光电特性非常好,可以轻易地达到 40 Gbit/s 的调制和探测速率;缺点在于制作工艺复杂、难以批量生产节省成本,价格昂贵。对于通信骨干网,人们追求的是性能卓越的宽带通信系统,并且由于有多个用户分摊费用,价格通常不是制约因素。然而在短距离通信中,例如局域网中,由于没有用户分摊费用,价格就成了制约因素。价格不菲的Ⅲ-Ⅴ族材料光电子器件限制了其在局域网中的广泛使用,人们只能望“光”兴叹。同时随着社会进步,迫切需要各种宽带业务,如网上教育、网上办公、会议电视、远程诊疗等双向业务和 HDTV 高清数字电视。对于这些高速宽带业务,需要采用光纤入户(Fiber To The Home,FTTH)来这解决这些高速宽带业务的需求。然而昂贵的Ⅲ-Ⅴ族材料光接收模块极大限制了 FTTH 的使用和推广,需要有低成本的光接收模块以弥补这些基于Ⅲ-Ⅴ族材料光接收模块的不足,使光通信进入千家万户,以延伸干线网超高速的“最后一公里”。

石墨烯凭借优良的光电响应特性有望解决这一问题。一方面,受益于石墨烯材料的零带隙,石墨烯光电探测器具有超宽的光学带宽,能够覆盖紫外到远红外波段,在不同的光通信波段都能工作,这是其他传统的具有带隙的半导体材料所无法企及的。另一方面,受益于石墨烯超高的载流子迁移率,石墨烯光电探测器具有超高的电学带宽,理论可达 500 GHz,有潜力超过目前速率最快的Ⅲ-Ⅴ族光电探测器。基于石墨烯的高速光电探测器已经研制成功,零偏压下实测带宽大于 40 GHz,且石墨烯光电探测器的制作工艺和硅基集成电路中 CMOS 工艺兼容,因此可以将石墨烯光电探测器和 CMOS 前端接收电路单片集成,实现单片集成光接收机功能,实现光电子器件和微电子器件的优势互补,解决现有光接收机中混合集成方案的成本高、难以批量生产、体积大等问题。

为了实现单片集成石墨烯光接收芯片,笔者提出了 CMOS 后工艺集成方案。即将石墨烯光电探测器制备到提前设计、流片的光接收机前端 CMOS 电路芯片表面。将石墨烯光电探测器制备到接收电路芯片表面,利用片上跨阻放大器实现石墨烯光电探测器光电流信号的放大和处理,能够在保持探测器宽光学带宽和高响应速度优良特性的前提下,提高其灵敏度。这种基于石墨烯的三维集成光接收机芯片能够继承石墨烯光电探测器的优点,同时有效弥补其缺点,有效减小混合集成方案中不可避免的寄生效应和成本,有潜力实现低成本、高性能的光接收机芯片,从而被大范围应用于光通信系统中。

1. 零极点补偿型跨阻放大器设计

通过对跨阻放大器分析,可发现跨阻对电路性能产生重要影响。跨阻阻值较大对噪声和增益均有利,但是对带宽产生不利影响。即传统闭环 TIA 存在直接的增益——带宽或者噪声——带宽折中关系,难以同时优化各个参数。针对这个缺点,笔者设计了一种零极点补偿型跨阻放大器,通过有意识地引入零点和极点来消除输入电容对带宽的影响,能够打破直接的增益——带宽或者噪声——带宽折中关系,即可以通过不同的参数调节来同时优化各个参数。

图 5-6 示出了零极点补偿型跨阻放大器电路图,输入管 M_1 和 M_2 形成共源共栅结构,避免大宽长比的 M_1 管寄生电容 C_{gd} 的密勒效应。M_p 管分流一部分 M_1 的偏置电流,使得 M_2 漏极具有较大电压裕度,并且可以取较大 R_3 电阻值得到较大增益。M_3 为共源级进一步放大信号,M_4 为源极负反馈共源输出。反馈电阻网络 R_1、C_1、R_2 和 C_2 形成极点和零点。

图 5-6 零极点补
偿型跨阻放大器

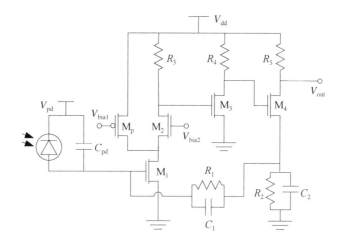

（1）带宽分析

跨阻放大器的开环等效图如图 5-7 所示，其中

$$A = g_{m1} R_3 g_{m3} R_4 \qquad (5-20)$$

$$R_{eff1} = \frac{R_1}{1+A} \qquad C_{eff1} = (1+A)C_1 \qquad (5-21)$$

$$R_{eff2} \approx \frac{R_1 R_2}{R_1 + R_2} \qquad C_{eff2} \approx C_1 + C_2 \qquad (5-22)$$

图 5-7 跨阻放大
器等效图

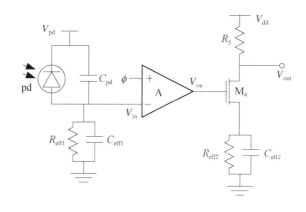

由图得到传输函数为

$$H(s) = \frac{V_{out}}{I_{pd}} = \frac{V_{in}}{I_{pd}} \cdot \frac{V_{oa}}{V_{in}} \cdot \frac{V_{out}}{V_{oa}} \qquad (5-23)$$

V_{in} 为输入端电压,等于光电流和等效输入阻抗乘积

$$V_{in} = I_{pd} \frac{R_{eff1}}{1 + sR_{eff1}(C_{eff1} + C_{pd})} \qquad (5-24)$$

对于 M_4 源极负反馈共源输出,忽略体效应和沟道调制效应,增益可表示为

$$\frac{V_{out}}{V_{oa}} = \frac{R_5}{\dfrac{1}{g_{m4}} + R_{eff2} \mathbin{/\!/} C_{eff2}} \qquad (5-25)$$

将以上各式代入传输函数得到

$$H(s) = -\frac{R_{eff1}}{1 + sR_{eff1}(C_{eff1} + C_{pd})} \cdot A \cdot \frac{R_5}{\dfrac{1}{g_{m4}} + R_{eff2} \mathbin{/\!/} C_{eff2}}$$

$$\approx -\frac{AR_5 R_{eff1}}{1 + sR_{eff1}(C_{eff1} + C_{pd})} \cdot \frac{1 + sR_{eff2} C_{eff2}}{R_{eff2}} \qquad (5-26)$$

由此可见,传输函数包含一个零点和一个极点,令两者频率相等得到零极点补偿条件

$$C_2 = \frac{R_1}{R_2} C_1 + \left(1 + \frac{R_1}{R_2}\right) \frac{C_{pd}}{1 + A} \qquad (5-27)$$

将上式代入传输函数,化简得

$$H(s) = -\frac{AR_5 R_{eff1}}{R_{eff2}} = -\frac{A}{1+A} R_5 \left(1 + \frac{R_1}{R_2}\right) \approx -R_5 \left(1 + \frac{R_1}{R_2}\right) \quad (5-28)$$

该式意味着增益由 R_5 以及 R_1 和 R_2 的比值决定。同时,只要选择合适的反馈电阻电容值满足零极点补偿条件,那么闭环带宽将由放大器 A 决定,而不是由输入端寄生电容决定。这样就可以选择适当的反馈电容值满足零极点补偿条件,得到宽带宽的目的。同时选择大的 R_5 值、较大的 R_1 和 R_2 比值来满足高增益要求。打破了传统闭环 TIA 直接的增益——带宽限制。

图 5-8 为利用 $0.35\ \mu m$ CMOS 工艺库模拟得到的增益和带宽曲线,在输入电容为 1.5 pF、2 pF、3 pF 和 4 pF 时,带宽分别为 1.9 GHz、1.6 GHz、1.3 GHz 和

1 GHz,具有很好的电容隔离功能。带内增益达到 65 dBΩ,增益带宽积达到了 3.4 THz·Ω,高于传统闭环 TIA 和上述 RGC TIA 结构,验证了该 TIA 具有打破直接的带宽——增益限制的功能。

图 5-8 增益带宽模拟

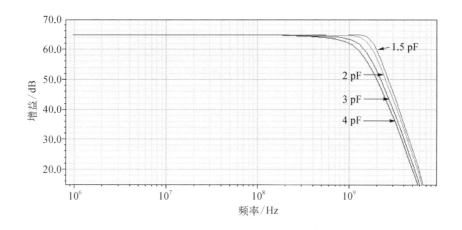

（2）噪声分析

图 5-9 为简化的小信号噪声等效模型,只展示出了前面两极,由于前面两级的增益足够大,因此第三级噪声可以被忽略。由于 M_1 的漏极阻抗很大,因此 M_2 和 M_p 的噪声可以被忽略。忽略闪烁噪声,主要的噪声源为电阻热噪声和晶体管沟道电流噪声。图中 R_f 和 C_t 为等效输入电阻和电容

$$R_f = R_1 + R_2 \tag{5-29}$$

$$C_t = \frac{C_1 C_2}{C_1 + C_2} \tag{5-30}$$

图 5-9 简化的小信号噪声等效模型

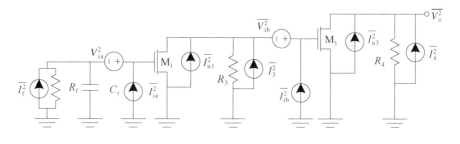

M_3 的等效输入噪声电压和噪声电流分别为

$$\overline{V_{\mathrm{ib}}^2} = \left(4kT\gamma g_{\mathrm{m3}} + \frac{4kT}{R_4} \right) \Big/ g_{\mathrm{m3}}^2 \qquad (5-31)$$

$$\overline{I_{\mathrm{ib}}^2} = 2qI_{\mathrm{g3}} + \frac{\omega^2 C_{\mathrm{gs3}}^2}{g_{\mathrm{m3}}^2} \left(4kT\gamma g_{\mathrm{m3}} + \frac{4kT}{R_4} \right) \qquad (5-32)$$

式中，I_{g3} 为栅极漏电流，通常很小。同样地 M_1 的等效输入噪声电压和噪声电流分别为

$$\overline{V_{\mathrm{ia}}^2} = \left(\overline{I_{\mathrm{n1}}^2} + \overline{I_3^2} + \overline{I_{\mathrm{ib}}^2} + \frac{\overline{V_{\mathrm{ib}}^2}}{R_3^2} \right) \Big/ g_{\mathrm{m1}}^2 \qquad (5-33)$$

$$\overline{I_{\mathrm{ia}}^2} = 2qI_{\mathrm{g1}} + \omega^2 C_{\mathrm{gs1}}^2 \overline{V_{\mathrm{ia}}^2} \qquad (5-34)$$

考虑到等效输入电阻和电容，总的输入噪声电流谱密度为

$$\overline{I_{i,\,\mathrm{tot}}^2} = \overline{I_{\mathrm{f}}^2} + \overline{I_{\mathrm{ia}}^2} + \left(\frac{1}{R_{\mathrm{f}}^2} + \omega^2 C_{\mathrm{t}}^2 \right) \overline{V_{\mathrm{ia}}^2} \qquad (5-35)$$

式中，$\overline{I_{\mathrm{f}}^2}$ 为 R_{f} 热噪声，$\overline{I_{\mathrm{f}}^2} = \dfrac{4kT}{R_{\mathrm{f}}}$。

将以上各式代入得到

$$\overline{I_{i,\,\mathrm{tot}}^2} = \frac{4kT}{R_{\mathrm{f}}} + 2qI_{\mathrm{g1}} + \frac{1}{g_{\mathrm{m1}}^2} \left(\frac{1}{R_{\mathrm{f}}^2} + \omega^2 C_{\mathrm{t}}^2 + \omega^2 C_{\mathrm{gs1}}^2 \right) \bigg[4kT\gamma g_{\mathrm{m1}}$$

$$+ \frac{4kT}{R_3} + 2qI_{\mathrm{g3}} + \left(4kT\gamma g_{\mathrm{m3}} + \frac{4kT}{R_4} \right) \left(\frac{\omega^2 C_{\mathrm{gs3}}^2}{g_{\mathrm{m3}}^2} + \frac{1}{g_{\mathrm{m3}}^2 R_3^2} \right) \bigg] \qquad (5-36)$$

由此可见，为了减小总的输入电流噪声谱密度，R_{f}、R_3、R_4、g_{m1} 和 g_{m3} 应该尽可能大，C_{gs1}、C_{gs3} 和 C_{t} 应该尽可能小。g_{m1} 和 g_{m3} 的增加可以通过加大偏置电流或者加大宽长比来实现。加大偏置电流意味着要减小 R_3 以保证正确的直流偏置使晶体管处于饱和区。减小 R_3 对增益和噪声都不利，因此有必要用 M_1 管来分流一部分电流，使 R_3 可以取较大值。加大宽长比会导致 C_{gs1} 和 C_{gs3} 的增加，恶化噪声，因此需要在偏置电流和宽长比之间折中考虑。反馈电阻 R_{f} 的增加可以减小噪声，但它不会影响带宽。因为由上述推导可知带宽由放大器决定，只要选取补偿电容满足零极点补偿条件，跨阻就不会影响带宽。打破了传统闭环

          石墨烯微电子与光电子器件

TIA 直接的噪声——带宽限制。

图 5-10 为在 1.5 pF 输入电容下,输入电流噪声谱密度模拟,在低频下主要噪声源为电阻,采用较大阻值的反馈电阻,因此低频噪声非常小,只有 2.5 pA · Hz$^{-1/2}$。在高频下,寄生电容会引起很大的输入等效噪声,由于加入了补偿电容,因此加大了高频噪声。带内平均噪声谱密度为 9.4 pA · Hz$^{-1/2}$。

图 5-10 输入电流噪声谱密度

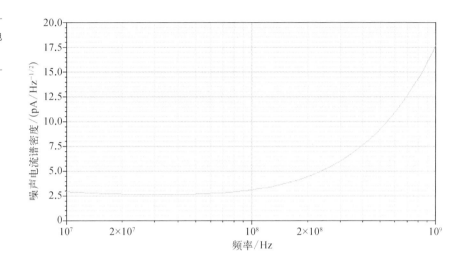

(3)灵敏度分析

总的噪声电流为噪声谱密度的积分,即

$$\overline{I_{n,\,\text{in}}^{2}} = \int_{0}^{B} \overline{I_{i,\,\text{tot}}^{2}}\,\mathrm{d}f \tag{5-37}$$

对图 5-10 曲线积分得到噪声电流为 0.3 μA,由上面误码率的分析可知,在 BER 为 10^{-9}时,信噪比为 12。以高速探测器较低的响应度(0.05 A/W)为例,需要的最小入射光功率为 72 μW,计算得到灵敏度为 -11.4 dB。响应度每提高一个数量级,灵敏度提高 10 dB。同样,噪声电流每减小一个数量级,也能使灵敏度提高 10 dB。

2. 跨阻放大器与石墨烯探测器集成芯片

三维集成光接收机芯片结构见图 5-11,GPD 构成光电子层,硅 IC(Integrated Circuit)芯片构成微电子层,实现光电子层和微电子层的 3D 集成。GPD 为简单的金属-石墨烯-金属（MGM）结构,将单模光纤对准 GPD 有源区,能够实现对光纤中传导的光信号的探测。GPD 输出的光电流信号,通过互连线传输到 IC 芯片的输入端。这里的硅 IC 芯片能够实现对微弱光电流的放大,并转换成电压信号输出。

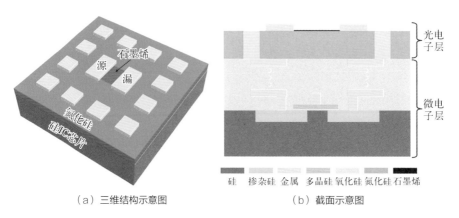

（a）三维结构示意图　　　　　　　　　　（b）截面示意图

图 5-11 基于石墨烯的 3D 集成光接收机芯片

图 5-12(a)为 1 000 倍放大时 3 μm 沟道长度的 GPD 光学显微图。由于氮化硅厚度不满足石墨烯可见条件,原子层厚的石墨烯不能被看到。图 5-12(b)为 GPD 有源区 SEM 图。由于石墨烯具有超高电导率,SEM 图中可以看到沟道中颜色较深的石墨烯。

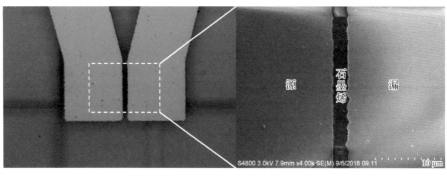

（a）1 000 倍光学显微图　　　　　　　　　（b）SEM 图

图 5-12 GPD 有源区形貌图

氮化硅表面的粗糙度对其表面石墨烯的性能影响很大,较低的粗糙度会降低对石墨烯中载流子的散射,从而提高 GPD 的工作带宽。图 5-13 给出了石墨烯和氮化硅边界处的原子力显微图(AFM),结果表明氮化硅的粗糙度为 1.8 nm,覆盖石墨

图 5 - 13 石墨烯
和氮化硅界面处的
AFM 图

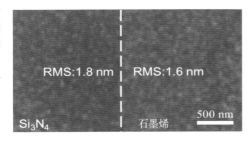

烯后的粗糙度下降为1.6 nm。粗糙度的降低表明了石墨烯优良的力学性能。为了研究在氮化硅表面是否对石墨烯造成损伤,笔者测试了石墨烯的拉曼光谱。图 5 - 14 为同种石墨烯在平坦的标准 300 nm 氧化硅片表面和 IC 芯片表面氮化硅表面的拉曼光谱。由拉曼光谱可知氮化硅表面未对石墨烯造成明显的损伤。这里需要说明的是,氮化硅表面石墨烯的拉曼光谱是通过减掉氮化硅本身的拉曼信号后得到的。

图 5 - 14 氧化硅
衬底和氮化硅衬底
表面石墨烯拉曼
光谱

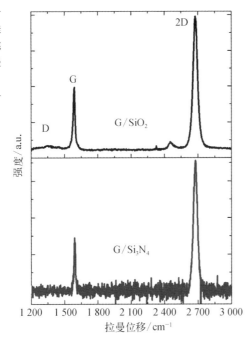

该工作使用的石墨烯是化学气相淀积石墨烯。为了提取石墨烯的迁移率,笔者利用相同的石墨烯在具有 100 nm 氧化硅层的重掺硅衬底上制作了 GFET,GFET 的沟道宽度和长度分别为 20 μm 和3 μm。图 5 - 15 为 GFET 的转移曲线,狄拉克点出现在 7.5 V 附近,表明石墨烯是 p 型掺杂。

根据转移曲线,可以利用下式来计算石墨烯中电子和空穴的迁移率[单位为 cm²/(V・s)]

$$\mu = \frac{8.7 \times 10^7}{\dfrac{300}{t} \times \dfrac{\varepsilon}{3.9}} \cdot \frac{1}{V_{ds}} \cdot \frac{dI_{ds}}{dV_{gs}} \cdot \frac{L}{W} \qquad (5-38)$$

式中,t 为 GFET 介质层厚度,nm;ε 为介质层相对介电常数;W 为 GFET 宽度,cm;L 为 GFET 长度,cm。代入相关参数,可得所用石墨烯中电子的迁移率为 24.4 cm²/(V・s),空穴的迁移率为 66 cm²/(V・s)。此迁移率远远低于石墨烯的

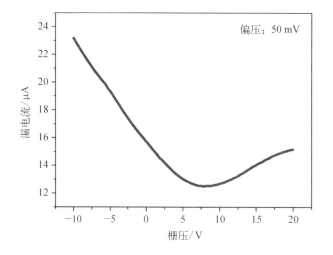

图 5 - 15　GFET 的转移曲线

本征迁移率,因此如果利用高质量的单晶石墨烯来制作 GPD,芯片的速率会有很大的提升空间。石墨烯和金属电极的接触电阻也是限制器件带宽的主要因素,为了得到氮化硅表面制作的 GPD 的接触电阻的大小,笔者测试了沟道宽度为 20 μm,长度分别为3 μm 和 6 μm 的两只 MGM 结构的 GPD 的源漏电流随漏偏压的变化,其测试结果如图 5-16 所示。

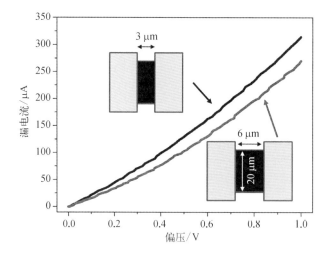

图 5- 16　不同沟道长度的 GPD 的 I/V 特性

结合测试结果可以计算出接触电阻和石墨烯的方块电阻为

$$R_{\text{total}} = R_{\text{contact}} + (L/W) \times R_{\text{square}} \tag{5-39}$$

式中，R_{total}为总电阻；$R_{contact}$为接触电阻；R_{square}为石墨烯方块电阻。计算得接触电阻为2.66 kΩ，石墨烯方块电阻为3.46 kΩ。接触电阻较高的原因是在转移石墨烯过程中，辅助支撑聚合物薄膜PMMA未能完全从石墨烯表面去除，因为石墨烯和PMMA具有较强的相互作用力，这些残胶会存在在金属和石墨烯的界面处，增大接触电阻。较大的方块电阻可能部分来源于具有较大粗糙度的氮化硅表面对石墨烯的散射作用。

对制作在IC芯片表面的GPD的静态性能测试，其结果可以用来表征CMOS后工艺对石墨烯的影响。光信号是通过单模光纤传导照射到GPD有源区的，考虑到光斑的尺寸（对于1 550 nm信号光，直径为11 μm）和沟道有源区的尺寸（3 μm×20 μm），只有大约25%的光信号能够照射到石墨烯表面。图5-17为不同有效功率下，光电流随偏压的变化。由测试结果可知，当偏压为零时，GPD的光电流几乎为零，这是由于GPD使用了对称的电极结构，单模光纤产生的光斑能够均匀地照射GPD的有源区，则源极/石墨烯界面产生的光电流和漏极/石墨烯界面产生的光电流的大小相等，但符号相反，因此对外光电流为零。施加偏压时，能够产生光电流，这是由于石墨烯吸收入射光子后产生电子空穴对，在单向外电场的作用下迅速分离，被电极收集产生对外光电流。当偏压线性增加时，石墨烯中形成的电场会线性增加，从而使光生载流子的分离和漂移速度线性增加，最终导致光电流线性增加。比较5 mW、10 mW和20 mW光功率下的光电流，发现光电流随着

图5-17 不同光功率作用下光电流随偏压的变化

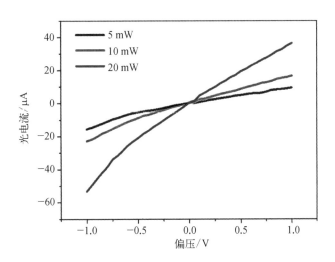

光功率的增大而几乎线性增大。这是由于随着光功率的增大,石墨烯吸收的光子数增多,从而产生的电子空穴对增加,最终导致光电流增加。

石墨烯具有零带隙,具有超宽的光谱响应,这也使 GPD 具有天然的超宽光学带宽。将 GPD 集成到 IC 芯片表面而形成的光接收机芯片也具有了宽带特性,这是基于传统材料的光接收机芯片很难实现的。图 5-18 给出了 GPD 的宽带光响应特性,显示了 GPD 对不同波长入射光的光电响应。测试结果表明,GPD 能够实现对紫外(405 nm)到红外(1 600 nm)光信号的高效探测。这里需要声明的是此 GPD 可能会具有更宽的光学带宽,但受限于实验室光源波长的限制,没有进行下一步测试。分析测试结果发现 GPD 对短波长的信号光的光响应度较大,能够达到 8 mA /W,这是由于石墨烯吸收了高能量的光子后会产生热载流子,热载流子会碰撞其他电子而产生新的电子空穴对,从而增大光电流。GPD 对 1 550 nm 入射光的响应度为 1.8 mA /W,几乎可以和之前报道的氧化硅衬底 GPD 的光响应度相媲美,这也表明经过 CMOS 后工艺将 GPD 集成到 IC 芯片,没有对石墨烯光电性能造成明显影响。

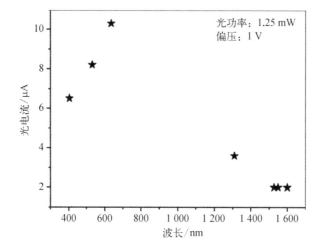

图 5-18 GPD 的宽带光响应特性

对 GPD 的静态性能测试结果表明石墨烯光电器件和硅基 IC 芯片具有兼容性,在硅基 IC 芯片表面制备石墨烯光电器件在工艺上没有障碍。如果在工艺过程中,IC 芯片的性能没有失效,就表明将石墨烯光电器件和硅基 IC 芯片 3D 集成在工艺上没有障碍。

　　光接收机芯片中的硅基 IC 芯片能够实现对 GPD 光电流信号的放大,其核心电路为上面介绍的 TIA。图 5-19 为研究 IC 芯片中的 TIA 对 GPD 光电流信号放大性能的测试原理示意图。激光器输出 1 550 nm 波长的连续激光被电光调制器调制成 500 kHz 的正弦光信号,光信号通过掺铒光纤放大器放大后照射到 GPD 有源区,通过偏置器(Bias Tee)输出光电流信号。输出有两种模式,模式一为偏置器输出的电信号直接传送给示波器,得到 GPD 输出的原始信号;模式二为偏置器输出的电信号传送到 TIA 的输入端,经过放大后由 TIA 输出端输出给示波器,显示经过放大的电信号。通过两种模式输出电压大小的比较,可以得到 IC 芯片中 TIA 的放大倍数。

图 5-19　IC 芯片性能测试原理示意图

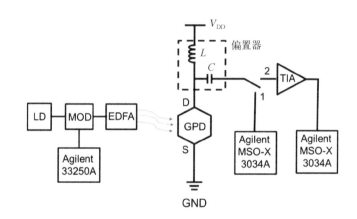

　　图 5-20 为两种不同模式输出的电压信号波形图。此时偏压为 1 V,有效入射光功率为 20 mW。黑色波形为放大前的输出信号,峰峰值为 13 mV;红色波形为经过底层放大电路放大后的输出信号,峰峰值为 291 mV。

　　为了研究 TIA 的放大倍数和输入光电流信号强弱的关系,该工作测试了 GPD 在不同偏压下,放大前后的输出信号峰峰值,测试结果如图 5-21 所示。在零偏压时,GPD 的直接输出信号峰峰值小于 0.01 mW,但是经过 TIA 放大后,峰峰值变为 35 mV。这也表明将 GPD 集成到 IC 芯片表面而构成的 3D 集成光接收机芯片可以在零偏压作用下工作,这大大增加了此种光接收机芯片的竞争力。随着偏压的增大,GPD 直接输出信号的峰峰值缓慢增加,但经过放大后的信号峰

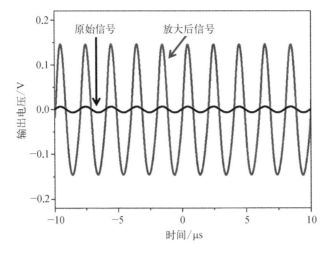

图 5 - 20　不同模式输出信号波形

图 5 - 21　不同偏压下不同模式输出信号峰峰值

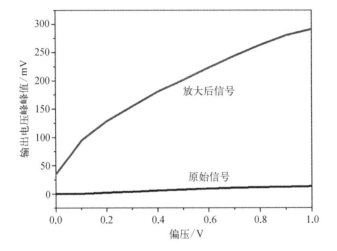

峰值迅速增加,并且在较小偏压下增加得更快。因此该工作实现的光接收机芯片在小偏压状态下工作比较好。

　　一个较好的光电接口通常具有较低的探测灵敏度,为了研究该工作实现的3D 集成光接收机芯片的探测灵敏度,笔者测试了在 1 V 偏压作用下,芯片对频率为 500 kHz、有效功率为 2 mW 入射光的响应。图 5 - 22 为测试结果,结果表明输出信号峰峰值达到 50 mV。因此利用此光接收机芯片能够实现对 2 mW 入射光信号的探测,考虑到输出峰峰值还有可下降的余地,利用此芯片实现对 1 mW 光信号的探测也是可能的。因此基于石墨烯的 3D 集成光接收机芯片的探测灵

　　　　　　　　　　　　　　　　　　　　　　　石墨烯微电子与光电子器件

图 5 - 22 小光功率作用下的输出波形图

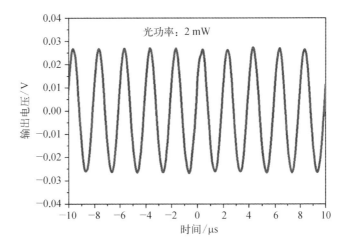

敏度已经接近商用的光电接口系统，有望被应用于 850 nm、1 310 nm 和 1 550 nm 等多个不同波段的光通信系统，具有广阔的应用前景。

　　本小节分析了将 GPD 与硅基 IC 芯片 3D 集成来实现用于光电转换的高性能光接收机芯片的意义，摸索了在 IC 芯片表面制作 GPD 的工艺条件，研制出了基于石墨烯的 3D 集成光接收机芯片。在不牺牲 GPD 本征优良特性的前提下，实现了 GPD 光灵敏度的大幅提高。基于石墨烯的光接收机芯片实现了对频率为 500 kHz、有效光功率为 2 mW 的 1 550 nm 光信号的探测。同时受益于 GPD 的超宽的光学带宽特性，该工作实现了宽带光接收机原型芯片，有望被应用于 850 nm、1 310 nm 和 1 550 nm 等多个不同波段的光通信系统。

　　此外，本章工作实现的基于石墨烯的 3D 集成光接收机芯片，充分利用了石墨烯材料优良的光电特性和硅材料卓越的微电子特性，具有强强联合的韵味。将石墨烯光电子器件集成到硅 CMOS 芯片表面，实现石墨烯 /CMOS 芯片 3D 集成，能够开启一个全新的方向，一方面为石墨烯材料的发展提供新的阵地，另一方面为后摩尔时代信息技术的发展提供新思路。

5.2　单片集成石墨烯红外成像芯片

　　红外成像技术即我们一般所说的夜视技术，其基本原理是利用夜间天空对地表的照射,或者目标自身的热辐射,借助科学仪器观察可见光波段以外的景物图像的技术。一个完整的红外成像芯片由光电探测器阵列及信号读出电路阵列组成,目前,大多数红外成像芯片采用的是混合集成的方式,即探测器阵列与信号读出电路分别在不同的基底上制造,最后通过铟柱或通孔(非严格意义)将两者连接起来。单片集成的红外成像芯片相较于混合集成芯片可以实现更高的像元密度,而石墨烯则正是有望实现这一目标的新兴材料。

5.2.1 红外成像概述

任何物体,其内部的带电粒子都处于不停的运动状态。当物体具有一定的温度,或更为准确地说,只要物体高于绝对零度(0 K),它就会不断地向周围进行电磁辐射。物体自发的辐射,在常温下主要是红外辐射,俗称红外线或者红外光,它是人眼看不见的光线,具有强烈的热作用,故称为热辐射。从广义上讲,红外线也是一种电磁波,具有与可见光等其他波段电磁波相同的物理性质,如波动性和量子性的双重特性。红外辐射的波动性主要体现在反射、折射、干涉、衍射和偏振等。与可见光相比,红外辐射的特殊性在于其波长较长,具有更明显的绕射、衍射等效应,更有利于在大气中传播。量子性则体现在红外辐射的发射和吸收,根据爱因斯坦的光电效应,一个光子的能量为 $h\nu$(h 为普朗克常量,6.6272×10^{-34} J·s,ν 为频率),光子的频率越高或者波长越短,光子的能量也就越大。因此红外辐射的光子能量明显弱于可见光,这也是红外探测器不能用硅作为基本材料而必须采用带隙更窄的半导体材料或零带隙材料的原因。但是红外辐射的光子能量与构成物质的分子、原子热运动的能量大致相同,更容易吸收和发射。与雷达的电磁波相比,红外辐射的量子效应和热效应明显,可研制出与可见光成像器件类似的、探测元足够小的红外焦平面探测器阵列。

在我们所处的环境中,并非所有红外辐射都能在大气中传播,不同波长的红外辐射与大气的相互作用不同,如空气温度、湿度、大气压力、云、雾、霭和霾等都会影响红外辐射的传播。在红外成像领域,根据红外辐射的透射率(图 5 - 23)也

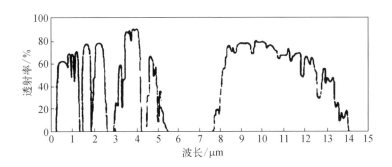

图 5 - 23 不同波长的红外辐射在大气中的透射率曲线

将其分为三个波段。

短波红外（SWIR）：1～2.5 μm；

中波红外（MWIR）：3～5 μm；

长波红外（LWIR）：8～14 μm。

红外成像的核心技术（传感器技术）最早起源于 20 世纪 30 年代。1934 年，德国制造出了第一只红外变像管，这使得非可见光光谱的观察成为可能。20 世纪 50 年代以后，夜视技术发展迅速，并逐渐分化为两个发展方向：微光成像技术和红外热成像技术。微光成像主要利用景物目标对天空光谱辐射的反射获得目标图像，主要工作在 0.5～2.5 μm 的大气窗口；红外热成像技术则是利用目标自身发射的光谱获得目标图像，主要工作在 3～5 μm 及 8～14 μm 两个大气窗口。与微光成像技术相比，红外热成像技术制作工艺复杂，生产维护成本高，但在作用距离、图像质量、昼夜共用问题和应用领域等方面具有显著优势。

随着红外成像技术的快速发展，迄今为止，可以依据焦平面不同的工作温度分为制冷型和非制冷型。目前，制冷型红外成像仪已经发展到第三代，第一代红外阵列为线性，采用扫描的工作方式，光机扫描机构复杂，信号处理简单，图像质量普遍较低，最简单的线性焦平面仅仅包含一列探测器，如图 5 - 24 所示。

对于该扫描系统，图像的生成一般是利用机械扫描仪扫描每个条带，再将每个条带进行拼接从而得到一幅完整的图像，因此早期的红外成像往往在相邻条带之间会出现较大的空白。第二代红外成像仪采用长线列或凝视焦平面阵列，图5 - 25 为 2D 的凝视型焦平面阵列，与第一代红外成像仪相比，一方面凝视型焦平面阵列具有更好的灵敏度，并且去掉了机械扫描仪，使得便携性有了一定程度

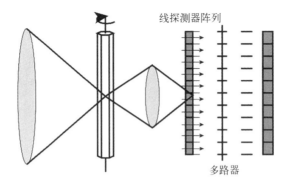

线探测器阵列

多路器

图 5 - 24 扫描系统

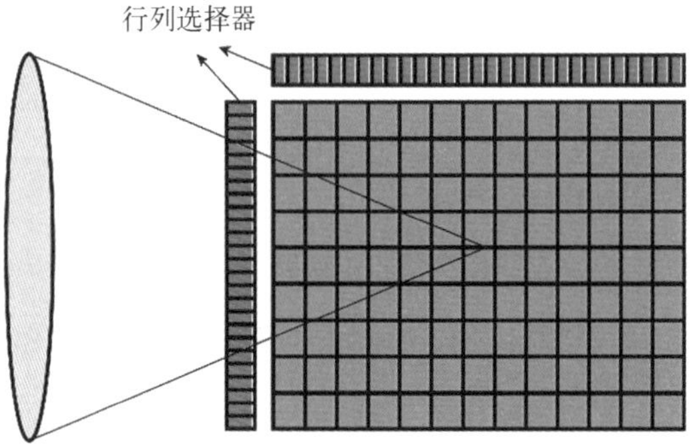

行列选择器

图 5 - 25 凝视型焦平面阵列

的提高,同时成像质量也得到了大幅度的改善;另一方面凝视型焦平面还集成了多路复用的功能,读出电路采用大规模集成电路,拥有一定的信号处理能力。

扫描型系统的典型结构是线性光电导阵列,每个像元都需要低温冷却,再通过电接触点与外部读出电路连接。20 世纪 50—60 年代,美国成功研制出需要制冷的 PbS 探测器,并将其运用于防空导弹的导引头上。1970 年后期,基于 HgCdTe 材料的光导探测器进入批量生产,美国利用该模型分别制造了 60、120 和 180 等不同像元数的线性探测器阵列,其探测元最基本的结构如图 5 - 26 所示,以 CdZnTe 作为衬底,利用液相外延生长约 10 μm 厚的 HgCdTe,再沉积金属电极,用阳极氧化物作为钝化层,最后涂上硫化锌形成防反射层。

第二代红外热像仪最早由瑞典 AGA 公司研制,系统采用液氮制冷,与第一代红外成像仪相比,便携性并没有很大的改善。随着相关技术的发展,到 1986 年研制的红外热成像系统已经可以用热电方式制冷,质量大大减小,便携性也有所提高,第二代热像仪质量已经降到 0.5 kg 以下,并且噪声等效温差(Noise-

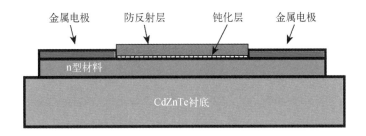

图 5-26　典型 HgCdTe 光导探测器截面图

Equivalent Temperature Difference，NETD）都在 20～30 mK，表 5-1 为目前市场上的二代红外热像仪的部分参数。

表 5-1　部分二代红外热像仪参数

制造商	规　格	像元尺寸 /μm	探测器材料	光谱范围 /μm	工作温度 /K
Sorfradir	384×288	25×25	HgCdTe	7.7～7.9	77～80
	640×512	20×20	QWIP	8.0～9.0	73
	640×512	24×24	HgCdTe	中波（双色）	77～80
Selex	640×512	24×24	HgCdTe	8～10	90
	640×512	24×24	HgCdTe	中波 /长波	80
AIM	640×512	24×24	HgCdTe	3～5	
	640×512	15×15	HgCdTe	8～9	
	384×288	40×40	Type Ⅱ SL	中波（双色）	

　　二代红外热像仪在规格上是上一代三个数量级，所有的像元都集成在一个焦平面上。并且由行列选择器控制每一行像素的曝光，读出电路（Readout Integrated Circuits，ROIC）包括像素选择、像元除模糊处理、帧图像输出、前端放大器以及一些其他的功能。当时的中间系统多采用多路扫描光电探测器线性阵列，具有时间延迟和积分（TDI）的功能。最早提出的二代 HgCdTe 红外成像芯片采用的是铟柱连接的方式[图 5-27(a)]，铟柱连接技术或者称为倒装焊结构最早起源于 20 世纪 70 年代中期，经过 10 年的发展之后进入批量生产。铟柱连接将红外焦平面阵列与多路复用读出电路很好地集合在了一起，极大地简化了需要低温真空封装的探测器与信号输出电路的连接界面问题。由于探测器与读出电路是分别设计和制造的，在优化方法上可以采用分别优化的模式，另值一提的是铟柱连接在实现像元近乎 100% 的填充因子的同时，也增加多路复用电路信号处理的区域

面积。但是倒装焊的结构在稳定性方面有着明显的缺陷,后期的均匀化处理主要就是解决这个问题的。另外,在进行铟柱连接的过程中很容易对器件造成损伤,减少了有效像元的数量。而单片集成的芯片探测器和读出电路都在同一个衬底上制作,具有很好的稳定性和均匀性,可以有效提高芯片上的有效像元的数量。

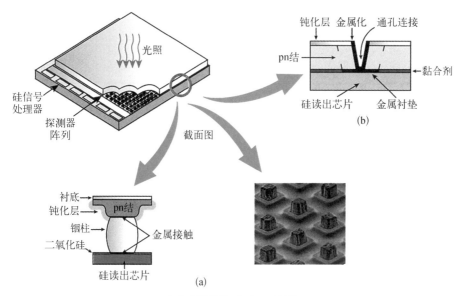

（a）铟柱连接;（b）通孔连接

图5-27　混合集成的红外焦平面探测器阵列与读出电路

在早期的混合集成技术中,还有一种称为通孔连接,如图5-27(b),这是一种类似于单片集成的技术,不同的是通孔连接的探测器材料并不是通过外延技术生长的,而是通过黏合剂将材料与读出电路芯片进行黏合,得到一个"完整"的芯片。通过离子注入形成探测器的主要结构后,用离子研磨在探测器与读出电路之间形成通孔,最后再进行金属化完成红外探测器与读出电路之间的连接。与铟柱连接相比,通孔连接的方式具有较为稳定的机械特性与热稳定性,但是由于是在探测器中间刻蚀出了通孔,对单个像元来讲填充因子受到了极大的限制,像元上的通孔进行了金属化是非透明的,这很大程度上影响了光的吸收。一般来讲通过通孔连接的方式制造的像元尺寸都在 20 μm 以上,但就铟柱连接的红外成像芯片来看目前大多数红外焦平面阵列的单个像元尺寸已经达到 15 μm,更小尺寸的还有 10 μm。因此在目前的红外成像芯片中,铟柱连接的混合集成芯片占据了绝对的主导地位。

第一代与第二代红外探测器发展了很多不同的结构,但是就本质来看都是将红外信号转化为电学可测的电信号,如电压或电流。根据最基本的探测原理可以将这些不同结构的探测器分为如图 5-28 所示的四类: 光导探测器、光伏探测器、MIS 探测器以及硅化物肖特基势垒探测器。

图 5-28　四种基本探测器

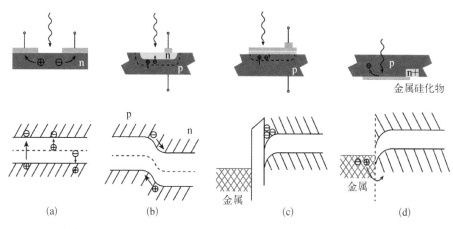

（a）光导探测器;（b）光伏探测器;（c）MIS 探测器;（d）肖特基势垒探测器

（1）光导探测器

光导探测器是最为简单的一种,它直接对光生载流子进行收集,依据半导体材料是否掺杂又可以细分为本征光导探测器和非本征光导探测器。本征光电导体中,半导体的带隙必须小于入射光子的能量。对于像 HgCdTe 这样的伪二元半导体,可以控制组成以精确获得所需的带隙。通过实现最大可能的带隙,工作温度可以最大化,从而降低冷却系统的复杂性和成本。如果带隙太小,则需要进一步制冷以使热激发载流子的数量最小化,因为热激发载流子会增加噪声水平。由于本征光电导体表现出相对较高的电导率,当大量探测器紧密堆积在焦平面上时,会出现严重的散热问题。非本征光导探测器可以很大程度上减小因导电而引起的温度增加所带来的不良影响。但是此时光子的捕获过程将会涉及杂质中心而非只有本征材料,所以非本征光导探测器的光吸收系数通常不会很高,除非材料是重掺杂的。但是如果掺杂浓度过大,探测器的性能会因为杂质带的导电而降低。因此,在决定探测器的掺杂水平时往往会进行折中,在一定掺杂浓度下,通过适当降低工作温度以使光导探测器的性能达到最佳。例如,一种 LWIR 光导探测器工作在 10~20 K 范围内,以便冻结硼等杂质来提高光导探测器的性能。

(2) 光伏探测器

光伏探测器的工作原理源自 pn 结器件,入射光照射半导体材料而产生光生载流子,少部分载流子被直接吸收而大部分则直接扩散进入 pn 结,内建电场对扩散入的载流子进行分离,从而产生光电流。由于光伏探测器属于 pn 结器件,因此它们有明显的整流效果,这类红外探测器具有典型的 pn 结型整流器的 I/V 曲线,理想光伏探测器的基本理论可以基于传统的 pn 结器件模型来建立。光伏探测器在短路电流模式下,光电流相对于光学辐照度是线性变化的。但是若工作在开路电压模式下,存储在光电二极管中的电荷会导致结电容的变化,从而导致非线性饱和效应。因此,光伏探测器优选的工作模式是测量光电流的变化,而非光电压的变化。

(3) MIS 探测器

金属-绝缘层-半导体(Metal-Insulator-Semiconductor,MIS)探测器正常工作时,其栅压并非是恒定而是脉冲式的,脉冲电压在半导体中产生耗尽区,充当势阱,通过透明栅极和绝缘体的入射光子被产生电子-空穴对的红外半导体材料捕获。少数载流子保持在靠近表面的势阱中,而大多数载流子被表面势垒强制引入中性体区域。对于红外半导体材料,MIS 特性通常受限于存在于薄绝缘体中的自由电荷以及半导体绝缘体界面处的表面状态,此时绝缘体的充电可能导致平带出现在非零栅极偏压。在界面处,快速和慢速两种界面状态都有可能存在。由于界面附近的势阱,慢界面状态会在 CV 曲线中造成滞后效应,而快界面状态会导致大的暗电流,这主要是由于 Shockley - Read 中心的产生和重新组合。在中性体中产生的少数载流子扩散到耗尽区、在耗尽区中直接产生的少数载流子以及通过遂穿越过势垒的载流子都会产生暗电流。暗电流的大小直接限制了 MIS 探测器的存储时间。尽管 MIS 探测器在本质上是电容器,但它们的暗电流大小相当于光伏探测器中的暗电流。

(4) 肖特基势垒探测器

在肖特基势垒探测器中,光子从衬底的背面进入探测器并被硅化物电极吸收,其中小部分被激发的载流子通过肖特基势垒发射到半导体中。在载流子发射到半导体之前,通常会因为硅化物晶格的散射而损失部分动能。在晶界和电极壁也可能存在类似的过程,就目前来看还没有较为完善的解释,尽管已经建立了一些模型,但优化性能时采用的方法往往是经验性的。用于红外探测器的金属硅化物通常是在真空下蒸镀几种不同的金属形成的,这样可以在半导体与金属硅化物接触的地方形成合适的势垒高度。铂已成功用于 MWIR 波段(其中长波截止波长 $\lambda_{\infty} \approx 6.0~\mu m$),其他金属硅化物也可以用于形成合适的势垒,如钯($\lambda_{\infty} \approx 3.5~\mu m$)、铱($\lambda_{\infty} \approx 10.0~\mu m$)和镍($\lambda_{\infty} \approx 2.0~\mu m$)。应该注意的是,硅化物引用的上限截止波长是对其他探测器来说是零响应点而不是 50% 的响应点,并且由于硅衬底中的光吸收,所有金属硅化物的波长截止波长下限为 $1.1~\mu m$。

第三代红外成像系统的发展并没有明确的定义,但是通常认为第三代红外成像系统相对于前两代更多的在于性能及功能的提升,并且将非制冷红外成像的发展也囊括其中,具体可以分为以下三点:

① 高性能、高分辨率具有多波段探测的制冷焦平面;

② 中等性能或高性能的非制冷焦平面;

③ 成本非常低的非制冷焦平面。

先进的红外系统非常需要多色功能。在不同的红外光谱波段采集数据的系统可以区分绝对温度和场景中物体的独特性质。通过提供这种对比度的新维度,多波段检测还提供了先进的色彩处理算法,以进一步提高灵敏度,提高单色设备的灵敏度。这对于确定导弹目标,弹头和诱饵之间的温度差异非常重要。多光谱红外焦平面阵列也可以在地球和行星遥感、天文学等领域发挥重要作用。

多光谱红外系统依靠烦琐的成像技术,其将光信号分散在多个红外焦平面阵列(Infrared Focal Plane Array,IRFPA)上或使用滤光轮来光谱地区分聚焦在单个焦平面阵列(Focal Plane Array,FPA)上的图像。这些系统包括光路中的分光镜,透镜和带通滤光片,以将图像聚焦到不同的红外波段响应的独立 FPA 上,而且需要复杂对准来映射用于像素的多光谱图像像素。因此这些红外焦平面的尺寸较大,复杂性和冷却要求高,导致成本昂贵。HgCdTe 光电二极管和量子阱红外光电探测器(Quantum Well Infrared Photo Detectors,QWIP)均可在中波红外和长波红外范围内提供多色功能。两种技术都有其优点和缺点,QWIP技术基于成熟的 A^3B^5 材料系统,该系统具有大量军事和商业应用的大型工业基础。HgCdTe 材料系统则仅用于检测器。因此 QWIP 更容易制造,产量高、操作性强、均匀性好、成本低。但是,HgCdTe 的红外焦平面具有更高的量子效率、更高的工作温度以及成为高性能红外成像仪的潜力。

从 HgCdTe 光电探测器研发至今主要有两种结构(图 5-29):一种台面刻蚀的光电二极管,另一种则是平面光电二极管。二代以及三代光电探测器都采用的平面结构,但无论是哪种结构其基本原理都是以 CdZnTe 等为衬底材料通过液相外延或分子束外延生长不同类型的 HgCdTe 材料,最后形成双层异质结构。

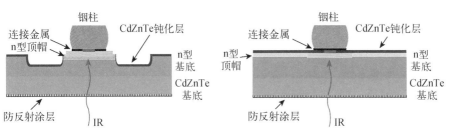

图 5-29 两种结构的 HgCdTe 光电探测器

基于量子阱的红外探测器有多种类型,现今比较成熟的是基于 GaAs-AlGaAs 的多重量子阱探测器。总的来看,所有的 QWIP 都是基于带隙工程的宽带隙材料分层结构。该结构被设计为使得结构中的两个状态之间的能量分离与待检测的红外光子的能量相匹配。现有的几种 QWIP 配置包括从绑定态到扩展态的转换,从绑定态到准连续态[图 5-30(a)],从绑定态到准束缚态以及从绑定态到微带[图 5-30(b)]。

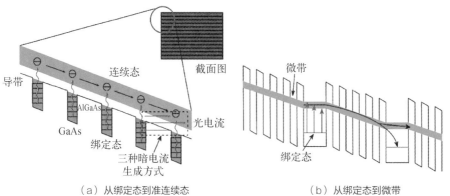

（a）从绑定态到准连续态　　　（b）从绑定态到微带

图 5-30 两种 QWIP 的配置

石墨烯微电子与光电子器件

研究具有多色探测的单个 FPA 是很有必要的,这可以解决每次使用分离阵列时存在的空间对准和时间配准问题,以简化光学设计并减小尺寸、重量和功耗。HRL 雷神公司、洛克希德马丁公司(BAE Systems)的 DRS 红外技术、AIM、Leti、Rockwell 和 NVESD 的研究小组在多光谱 HgCdTe 探测器上取得了重大进展,其中器件的制造主要采用分子束外延(Molecular Beam Epitaxy,MBE)技术。最原始的 HgCdTe 双色焦平面阵列包含两个并列的不同波段的探测器,一般是在短波探测器上通过外延技术制造长波探测器。短波探测器可以吸收短波红外而透过长波红外,从长波探测器来看短波探测器起着滤镜的作用。双色探测器从工作模式上可以分为顺序模式和并行模式,所谓顺序模式是指双色探测器工作是仅有一种探测器工作,而并行模式则允许两种探测器同时工作。最早开发的 HgCdTe 双色探测器是偏压可选的顺序探测器,它由 NPN 三种不同类型的材料构成背靠背的两个不同波段的探测器,根据接入电压的正负可对探测器进行选择性工作。在这种探测器中两个不同波段的探测器共用一个信号输出,因此当工作在长波模式时很容易形成串扰,从而影响探测器的性能。后期的并行模式的探测器则是分别在短波与长波探测器上另加电极,这很好地解决了并行模式的探测器间的串扰,但同时也增加了电路的复杂性。

非制冷红外焦平面又称为热探测器,其核心设计是将红外辐射转化为温度变化,再利用温度敏感器件将温度变化转换为可测量的电学变化。就目前来看热探测器可以分为两个大类:一类是铁电-热电型探测器,以锆钛酸铅(PZT)、钛酸锶钡(BST)为主要材料;另外一类是电阻型微测辐射热计,敏感元是热敏电阻,使用的材料有氧化钒(VO_x)和非晶硅(α-Si)。顾名思义,非制冷红外探测器不需要制冷,但是需要温度稳定器,同时还要与当前高阻抗读出电路相兼容。表 5-2 为目前市场上一些非制冷红外成像芯片。

表 5-2 部分非制冷红外成像芯片

制造商	规 格	像元尺寸 /μm	探测器材料	光谱范围 /μm	工作温度 /K
Goodrich Corporation	320×240	25×25	InGaAs	0.9~1.7	300
	640×512	25×25	InGaAs	0.9~1.7	300

制造商	规　格	像元尺寸 /μm	探测器材料	光谱范围 /μm	工作温度 /K
TIS	320×240	17×17	VO_x		300
	640×480	17×17	VO_x		300
ULIS	1 024×768	17×17	α-Si	8.0~14.0	233~358
	640×480	17×17	α-Si	8.0~14.0	233~358

支撑结构是取得高性能热成像阵列的关键,通常必须具备三项功能:热机械支撑、热传导路径以及一个电子传导路径。从目前来看有两种类型的支撑结构,一种是前面提到的倒装焊结构(铟柱连接),另一种主要支撑是隔板结构(图 5-31)。在隔板结构中探测层沉积在隔板上,隔板悬空于衬底之上,有两个相对方向的腿支撑,每个探测像素的电子读出装置已嵌入衬底。

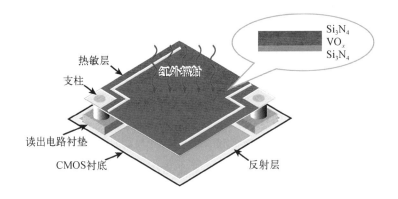

图 5-31　隔板结构的微辐射计像素

根据不同的物理效应可以设计出不同类型的热探测器,其中常用的有微测辐射热计、热释电探测器、铁电辐射计以及温差电探测器。热探测器的时间常数要比光探测器大得多,热探测器也不像光探测器那样已经接近背景极限,即使在低频下,它的探测率要比室温背景极限第一个数量级,高频下差别就更大了。因此热探测器不适合快速、高灵敏度的探测,但是相对光探测器,热探测器最大的优点在于无须制冷以及光谱响应范围较宽且平坦。

基于石墨烯的单片集成成像芯片与传统的红外成像芯片类似,核心技术在于探测器的制备。传统的基于碲镉汞、量子阱、Ⅱ型超晶格材料的红外探测器,虽然性能优异,但材料制备困难,且材料在低温下工作,探测器成本高。常温热辐射探测器虽不需要制冷,但是其响应速度较低,性能无法满足一些苛刻条件的要求。石墨烯是一种有价值的新材料,室温下超高的载流子迁移率、超宽的光吸收谱(从紫外至中远红外),使得石墨烯在实现非制冷、高速、宽光谱的低成本红外探测方面极具潜力,基于石墨烯的成像芯片还有一个巨大的潜在优势——可单片集成。

2009 年,第一个的石墨烯红外探测器问世后,石墨烯光电探测器的研究进入盛行阶段,发展至今已经有不同波段的石墨烯红外光电探测器。根据红外波段的划分,可以分为近红外(0.76～1 μm)、短波红外(1～3 μm)、中波红外(3～5 μm)、长波红外(8～12 μm)以及超宽光谱红外探测器。石墨烯非凡的电子和光学性质使得石墨烯在光子学和光电学方面具有很大的潜力,包括高速光电探测器、光学调节器、等离子设备和超快激光等,但是石墨烯较弱的光吸收能力(单原子层光吸收率为 2.3%)限制了石墨烯光探测器响应率。为提高石墨烯红外探测器的响应率,往往会利用新型的结构设计或辅助材料来增强石墨烯的光吸收,常用的方法有微腔、量子点、波导集成以及异质结。

常温红外探测器很大一部分是电阻型微测辐射热计,类似地,石墨烯也可以作为辐射热计来进行设计,石墨烯小的电子热容和弱的电子-声子耦合作用,使得石墨烯在光照时会引起电子温度的显著变化,从而引起电导率的改变。2012 年,一种基于双门调控双层石墨烯带隙的热电子辐射热计问世,该器件的电导率随电子温度的改变而改变。该辐射热计的噪声等效功率在 5 K 下是33 fW·Hz$^{-1/2}$,比商业的硅辐射热计和超导越界探测器低几倍,在 10 K 下的响应速率大于1 GHz,比商业的硅辐射热计和超导越界探测器高出 3～5 个数量级。石墨烯辐射热计相对于传统的商业硅辐射热计表现出一些优异的性能,比如高灵敏性、低噪声等效功率,这是由于石墨烯自身具有小的热容和弱的电子-声子耦合作用。这也使得石墨烯辐射热计成为天文学上有前景的单光子探测器。尽管双门控双层石墨烯(Dual-Gate Bilayer Graphene,DGBLG)辐射热计在应用上有着诱人的前景,但也存在一些问题:石墨烯的特征阻抗比自由空间的阻抗高,阻抗的不匹配性增加了探测电路的等效噪声功率和电阻电容时间常数。针对上述问题,可采用多层和超导-耦合石墨烯来取代双层石墨烯以降低阻抗。在应用方面,对宽波段无特殊要求时,还可以采用微腔结构增加石墨烯的光吸收,或者使用高频单电子晶体管从高阻抗电路中获得有效的高频读出。

在红外成像领域,传统的基于 HgCdTe、量子阱的红外成像芯片有着较好的成像性能,但需要工作在低温下。虽然也能实现双色及多色探测,但是像元设计复杂,不利于单片集成,并列探测器之间容易形成串扰,导致读出电路的设计极为复杂,这是目前相同尺寸的红外成像芯片的像素数远远落后于可见光 CMOS 成像芯片的主要原因。而基于热辐射效应与热释电效应的常温红外探测器虽不需要制冷且探测波长平稳,但是其性能明显弱于制冷型红外探测器,再者其响应时间相对较长不适用于超高帧率的成像输出。因此,一种能工作在常温、能快速响应且能单片集成的红外成像芯片的研发是很有必要的。基于石墨烯的红外成像芯片也有着一些明显的不足,本征石墨烯自身由于光吸收率低、缺乏光增益机制,导致石墨烯探测器的光响应率较低。石墨烯自身的光生载流子寿命短,仅皮秒数量级,导致光生载流子难以有效收集,也严重影响探测器的光响应度,石墨烯探测器的低响应度无法满足实际应用的需要。但从目前的研究来看,石墨烯的这种弱光吸收可以通过设计新型的结构或是引入量子点来进行增强,石墨烯在常温、高速红外成像领域有着巨大的发展潜能,并且石墨烯的可单片集成可以很大程度改善目前红外成像芯片像素密度普遍低下的情况。西班牙的一个工作组已经实现了 388×288 的石墨烯红外成像芯片,采用量子点增强提高响应率,设计不同的量子点激子峰,成功实现了石墨烯从紫外至近红外波段的基本成像,其性能已经堪比市场上一些商用的红外成像芯片。

5.2.2　石墨烯探测器阵列读出电路

完整的成像系统包含探测器阵列、读出电路及信号处理电路三个部分,读出电路的作用类似于接口电路。主要作用是提取探测器阵列产生的光电流信号并对其进行处理,暗电流消除以及噪声抑制。传统的基于 HgCdTe、量子阱探测器阵列的读出电路是混合集成的,探测器阵列与读出电路是单独设计的。不同的阵列情况有着不同的设计架构,一般包含读出电路单元阵列、噪声消除电路、放大电路、模拟信号到数字信号转换以及时分复用控制电路。

在红外成像系统中通常会涉及两种阵列,一种是成像的焦平面探测器阵列,而另一种则是隶属于读出电路的前端信号提取电路阵列。顾名思义，这个阵列的设计是为了对探测器产生的光电信号进行提取及处理将探测的电流信号转换为电压信号。读出电路设计的好坏将直接影响红外焦平面阵列的均匀性、线性、功耗和面积等性能。通用的红外焦平面的读出电路通用类型主要包括电荷注入型（Charge Injection Devices，CID）、电荷成像矩阵（Charge Image Matrix，CIM）、电荷耦合器件（Charge Coupled Devices，CCD）和互补的金属-氧化物-半导体材料（CMOS）。其中可以用硅工艺制备的读出电路主要为 CCD 和 CMOS。现有的红外成像读出电路多采用 CCD 的读出电路设计，但是传统 CCD 和 CMOS 成像器件的暗电流较小，在后续的积分输出中暗电流的作用可以忽略不计。而石墨烯本身是零带隙材料，有很好的光学和电学性质，但是石墨烯探测器的暗电流较大，通常暗电流比光电流大一至两个数量级。因此石墨烯成像芯片的核心之一便是暗电流消除技术。目前暗电流消除技术主要用于长波红外探测器，主要有单管 CMOS 补偿技术、盲元电阻、电流记忆补偿、缓冲栅极电流调制以及用于商用的电桥法及其衍生技术。

单管 CMOS 补偿技术是基于制冷型量子阱红外探测器提出的，需要手动调制单管栅极电压，而且无法应用于常温，补偿的精度也较低。盲元电阻补偿法由法国红外制造商 ULIS 公司提出并投入商用，盲元电阻会引入额外的白噪声，而且对于探测器的均匀性要求较高，对于一些薄膜电阻其匹配性较差。电流记忆补偿法，顾名思义，通过对暗电流进行记忆，在有光照时再进行消除，因此有较高的补偿精度，但是这种电路也是针对低温红外探测器设计的，在常温下有较大的电流泄漏，不适合常温系统，因此还需要进一步改进。

读出电路单元阵列是光电信号处理电路中唯一与探测器阵列相连接的电路，除了抽取探测器生成的光电流并对其进行处理之外，前端读出电路还为探测器提供偏压。而探测器的偏压的大小将直接决定探测器的暗电流大小，以及噪声影响。相对于周围物体的黑体辐射，当被探测物体的辐射信号比较微小时，探测器输出电流大小一般为皮安或是纳安级，偏压的不稳定很容易将微弱的光生电流淹没，因此所设计的前端读出电路还应保证偏压稳定。除去背景电流消除模块，图 5-32 是目前常用的红外探测器读出单元，包含源跟随器型读出电路、直

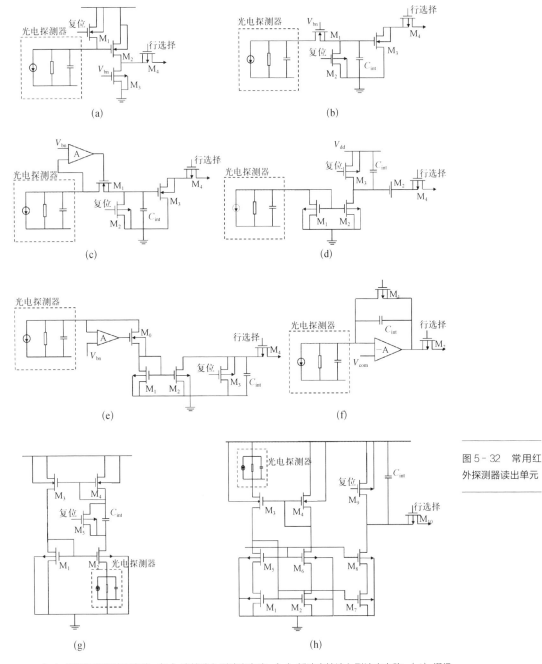

（a）源跟随器型读出电路；（b）直接注入型读出电路；（c）缓冲直接注入型读出电路；（d）栅极调制注入型读出电路；（e）缓冲栅极调制注入读出电路；（f）电容跨阻放大器型读出电路；（g）电流镜直接注入型读出电路；（h）电流镜积分型读出电路

图 5 - 32　常用红外探测器读出单元

接注入型读出电路、缓冲直接注入型读出电路、栅极调制注入型读出电路、缓冲栅极调制注入读出电路、电容跨阻放大器型读出电路、电流镜直接注入型读出电路和电流镜积分型读出电路。

　　总的来看,石墨烯探测器阵列的读出电路设计与传统的红外焦平面阵列的读出电路有所不同:石墨烯的吸光率仅仅为2.3%,产生的光电流自然不会很强;它是一种零带隙材料,一个很小的偏压就会导致极大的暗电流,大的暗电流很容易将本来就很弱的光电流淹没。石墨烯探测器阵列读出电路的设计关键在于能够有效地抑制暗电流,提取出光生电流信号,并对其进行简单处理。从目前来看,石墨烯抑制暗电流的方式一般可以分为两类,一类是从探测器入手,通过打开石墨烯的带隙,与其他材料构成异质结以及制作零偏压光电探测器;还有一类是从后续的处理电路入手,通过设计未曝光的像素引出其暗电流与正常工作的像元电流相互抵消,这种方法的难点在于不同像素之间的阻抗匹配。采用零偏压光电探测器意味着读出电路部分的偏压应设置为零,并且与传统光伏探测器不同,石墨烯光伏探测器是不存在反偏压的,金属与石墨烯接触仅仅改变了石墨烯的掺杂情况。由于掺杂浓度的梯度变化在靠近金属的部分形成了一个小的内建电场,这个内建电场无论是正偏压还是反偏压都会破坏这个弱的内建电场,因此无论正偏还是反偏都会有明显的暗电流,电流镜积分(Current Mirroring Integration,CMI)型读出电路恰好能够满足稳定零偏压这种要求。基于阻抗匹配的方法是目前实验室中研究出的石墨烯成像芯片的暗电流消除方法,具体是在像元上串接一个可调电阻,通过这个可调电阻来进行各个像元电阻匹配,从而消除暗电流。

5.2.3　石墨烯探测器阵列与 CMOS 读出电路单片集成

　　硅集成电路的小型化不仅使得许多速度快、功耗低的处理器以及高容量的存储器问世,还实现了低成本和高性能的数字成像,目前硅单片集成的成像芯片像元密度已高于1亿像素,这对于近代社会的发展产生了重大影响。红外探测器与CMOS的集成是通过铟柱混合集成的,所以红外成像芯片的密集程度赶不上单片硅集成成像芯片。但是硅材料又不能作为红外波段的吸收材料,因此能够与硅 CMOS

单片集成的探测器材料是解决目前红外成像芯片像元密度偏低的可行方法。

　　从目前的研究来看,石墨烯探测器阵列与 CMOS 读出电路的单片集成无疑是极具前景的,基于石墨烯的光电探测器已经得到了极大的发展,而石墨烯探测器阵列与 CMOS 读出电路的单片集成尚在发展中。石墨烯探测器阵列与 CMOS 读出电路的单片集成由西班牙 Stijn Goossens 团队于 2017 年 5 月率先发布。该团队制备了具有 388×288 阵列的石墨烯量子点光探测器的图像传感器,探测器可以对紫外光、可见光以及短波红外进行探测,最后的成像处理是同高灵敏度的数字照相机完成的。总共有 11 万个垂直集成的光电导石墨烯探测器与 CMOS 读出集成电路(ROIC)的各个电子器件相连接。读出电路采用的是现有商业数码相机的通用设计,但可以用于探测可见光和短波红外光(300～2 000 nm)。到目前为止,还没有在这个波长范围内工作的单片 CMOS 图像传感器。与 CMOS 单片集成的宽带传感器是非常理想的,这种单片 CMOS 图像传感器是低成本、高分辨率宽带和高光谱成像系统的一个里程碑,可以用于安全安保、智能手机、相机、夜视、汽车传感器系统、食品和制药检测以及环境监测。

　　图 5‐33 为 CMOS 石墨烯量子点图像传感器集成的后端工艺。先将 CVD 生长的石墨烯转移至包含图像传感器的读出电路的 CMOS 裸片上,在每一个像素都覆盖石墨烯之后通过垂直金属互连的方法与底部读出电路连接;再对石墨烯进行图形化刻蚀;最后通过简单的旋转铸造工艺在石墨烯层上沉积硫化铅(PbS)胶体量子点(Colloidal Quantum Dots,CQD)的敏化层。图 5‐33(a)是在读出电路芯片上转移 CVD 石墨烯的过程图,图 5‐33(b)是石墨烯光电导和底层读出电路的侧视图。石墨烯被量子点敏化后对不同波段的光响应都有很大的提升;在光照下,探测器产生的光生载流子由界面电场进行分离,空穴转移至石墨烯通道中,而电子则被限制在量子点内,从而提高载流子的寿命。该示意图表示每列电容跨阻放大器(Capacitive Transimpedance Amplifier,CTIA)平衡读出方案和全局相关双采样(CDS)阶段和输出驱动器。图 5‐33(c)是该成像芯片的三维示意图,石墨烯被刻蚀成 S 形以增加探测器阻抗,石墨烯由 PbS 量子点进行修饰以提升光响应,整个阵列的探测器与 CMOS 读出电路垂直互连。图 5‐33(d)是图像传感器的照片,展示出了每个区域的功能。

　　　　　　　　　　　　　　　　　　　　　　　　石墨烯微电子与光电子器件

図5-33 CVD石墨烯与388×288像素图像传感器读出电路的后端CMOS集成

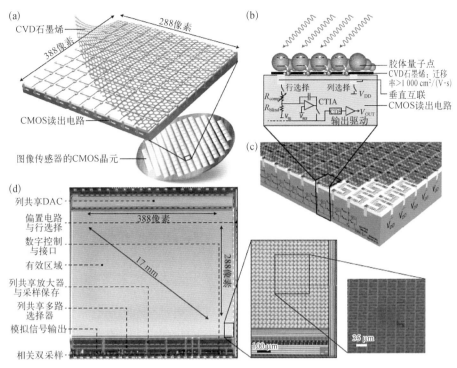

（a）在读出电路芯片上转移 CVD 石墨烯过程图;（b）石墨烯光电导和底层读出电路侧视图;（c）单片图像传感器三维图像;（d）图像传感器照片

　　该石墨烯探测器的光响应基于光电效应。当光子入射时,在 CQD 层中被吸收,随后光生载流子转移到石墨烯,两个像素触点之间施加偏压之后便形成一个简单的回路。光信号的检测基于石墨烯传输层的电导率的变化。由于石墨烯具有高迁移率,这种光电导体结构表现出超高增益,与传统的量子点光电探测器以及成像系统相比,这是一个很大的改进。$1/f$ 噪声是该石墨烯量子点探测器中的主要噪声源,可以用经验 Hooge 关系来描述:$\dfrac{S_I}{I^2}=\dfrac{\alpha_{\mathrm{H}}}{N_f}$,其中 S_I 是电流噪声功率谱密度,I 是电流,α_{H} 是 Hooge 参数,N 是系统中载波的总数,f 是频率。在石墨烯量子点检测器中,$\dfrac{S_I}{I^2}$ 较低,因为石墨烯是半金属,并且其 Hooge 参数比高质量硅小一个数量级以上。大信号和低噪声意味着该量子点石墨烯光电探测器有极强的光探测能力。在 $300\sim2\,000$ nm 的光谱范围内,仅仅有 $0.1\sim1$ ms 的开关时间,保证了红外成像的适用性。除光敏像素阵列外,成像器还包含一排盲像素,用于在光电探测器受电压偏置时消除暗电流。光谱范围由量子点材料和尺寸决定,但是这种方法可以推广到其他类型的敏化材料以扩展或调谐传感器元件的光谱范围。

CMOS 电路的功能元件如图 5-33 所示。有源像素区域周围的元件有多种功能:信号路径控制、光电探测器偏置、可调补偿电阻、盲像素、从像素到输出的光信号的放大和读出,以及图像曝光和快门操作的控制。每个像素产生的光信号都会通过盲元电阻消除暗电流,盲像素的电阻 R_{blind} 和可调谐补偿电阻 R_{comp} 串联,再结合像素电阻 R_{pixel} 可以对每个像素进行数字控制。该成像芯片的帧速率最大为每秒 50 帧,按逐行顺序寻址,受限于 ROIC 的设计。在此帧率下,ROIC 的功耗为 211 mW。信号读出链基于每列的电容跨阻放大器(CTIA),该电路可以集成光敏和盲像素之间的电流差异。放大器输出在曝光之前和之后也在每列的存储模块中被采样,并且所有列信号被多路复用到公共输出总线端子中。最后,执行相关双采样(CDS)校正以减少读出噪声,并将所得输出信号 V_{out} 发送到成像器的模拟输出。

图 5-34 中为该芯片的测试结果,包含石墨烯-CMOS 图像传感器的原型数码相机拍摄的几种类型的图像。石墨烯量子点图像传感器捕获来自由光源照射的物体的反射图像。灰度图是对 388×288 阵列的每个光电检测像素的归一化光信号进行编译,由 CMOS 集成电路放大和复用。由于 CVD 石墨烯片的有限尺寸和转移的手动对齐,并非所有图像传感器的有源区都覆盖石墨烯;没有被石墨烯覆盖的像素没有电导变化被表示为连续的灰色区域。图 5-34(c)图像是使用具有在 920 nm 处具有激子峰的 CQD 的图像传感器拍摄的,其对应于在溶液中测量的 CQD 的峰值吸收。用可见光照明物体,照明功率对应于办公照明条件。合理比例的像素可对低得多的光照进行探测,但像素漂移和传播在灵敏度上变化太大而无法获得极端低光照水平的图像。制造工艺和晶圆级工艺的进一步优化可以解决这些不均匀性。图 5-34(b)(d)(e)(g)(i)所示的图像是使用在 1 670 nm 处具有激子峰的 CQD 的图像传感器拍摄的。图 5-34 中(e)(g)(i)是在过滤了所有可见光(小于 1 100 nm)的白炽光照射下得到的。图 5-15(d)中的图像使用了白炽光源的全部光谱来照亮场景,表明单片集成的石墨烯成像芯片

拥有捕获可见光、近红外和短波红外光的能力。图 5-34(e)(g)(i)展示了 SWIR 摄像机不同的应用实例：恶劣天气环境下的探测[图 5-34(e)]，硅 CMOS 晶圆检测[图 5-34(g)]和饮用水检测[图 5-34(i)]。

图 5-34　基于混合石墨烯- CQD 的图像传感器和数码相机系统

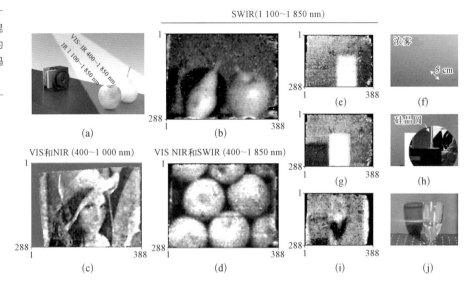

该图像传感器的性能的好坏在于像素电阻与未曝光电阻的匹配，如果两个电阻的阻值不同则暗电流不能被明显抑制，当探测的物体发光比较弱时则无法正确地成像。另外石墨烯探测器阵列与读出电路之间的互连也是决定性的因素，好的互连可以减少寄生电容和电阻，可以有效提高光电探测器的性能。该石墨烯成像芯片完成了大部分的石墨烯转移以及图像化，完成率达 99.8%，已经达到商用成像芯片的标准。在电阻的匹配上，研究人员以 20 kΩ 的阻抗为目标，设计 S 型的石墨烯图案，虽然解决了阻抗的问题，但也在一定程度上影响了像元的填充因子。利用 CMOS 电路中的可调串联电阻（R_{comp}）可以改善可变石墨烯器件的电阻不匹配问题，该电阻可针对每个像素进行数字寻址和优化。这个可调匹配的结果在图 5-35 所示的电阻直方图中可见。该直方图表明，在用每个像素的补偿电阻器 R_{comp} 进行优化之后，像素电阻的相当窄的分布以约 20 kΩ 的平均值、约 4 kΩ 的扩展来获得，这会移动 ROIC 操作体系内大部分像素的电阻。此外，所有像素的检测器产量、性能和均匀性都有了很大的提高。

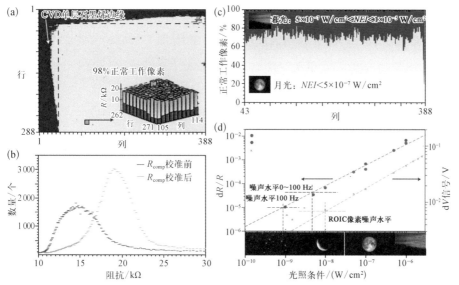

图 5 - 35　电光学表征

（a）单层石墨烯覆盖范围（蓝色）[虚框表示实验中所测试的部分，3D柱形图表示随机选取的10×10的像元电阻（绿色）与可调电阻（蓝色）的总阻值分布]；（b）校准前的像元电阻分布（蓝色）与校准后的电阻分布图（绿色）；（c）图（a）中像元的 NEI 柱状图分布 [月光光照条件（浅蓝色），暮光光照条件（深蓝色），未正常工作像素（黑色）]；（d）探测器在波长为 633 nm 光照下对不同强度光照条件的光响应（绿色数据是 ROIC 中的一个像素的光响应，蓝色数据是通过与一个 100 Hz 的放大器直流耦合得到的，紫色数据是将光调制在 100 Hz 时的光响应）

　　可以从检测器性能测量结果推断出来，该测量结果监测检测器信号对每个像素的辐照度的依赖性。结合探测器噪声测量，可以提取探测器灵敏度的关键指标：噪声等效辐照度（Noise Equivalent Irradiance，NEI）。图 5 - 35(d)显示了一个特定像素的例子，从这个例子我们可以推出一个低至 NEI 水平的光响应，这个水平是对应于辐照度10^{-8} W/cm，相当于四分之一的月亮光强。

　　图 5 - 35(c)显示了所有像素的灵敏度（以 NEI 表示），超过 95%的像素可以在月亮和暮光光照条件下进行探测（波长 633 nm）。成像器的动态范围受读出电路限制，这是因为石墨烯-CQD 像素的总电阻与 ROIC 设计的最佳输入电阻不匹配。低频 $1/f$ 噪声是探测器的主要噪声，但由于高响应度，仍旧可以获得高灵敏度和低的 NEI。光电探测器可以以小得多的 NEI（低至10^{-9} W/cm）稳定运行，动态范围高于 80 dB，速度高于 1 000 f.p.s.[①]。定制的读出电路将使得成像系统中单个参

───────────

① Frames Per Second（每秒传输帧数）。

考光电探测器有更高的灵敏度和动态范围。因此,用于石墨烯- CQD 像素的定制读出芯片将能够在与商业成像系统相当的更高帧频和检测灵敏度下操作,其优点是该系统对紫外光、可见光、近红外和短波红外光敏感,并可以与 CMOS 单片集成。单片集成石墨烯成像芯片与商用成像芯片性能比较见表5-3。

表5-3 单片集成石墨烯成像芯片与商用成像芯片的性能比较

参数	单位	Gr-QD CMOS 调制读出电路		Gr-QD CMOS 宽读出电路		Silicon CMOS	高性能 InGaAs non-CMOS	经典 InGaAs non-CMOS	扩展 InGaAs non-CMOS
		标准衬底(非制冷小像元)	优化衬底(非制冷小像元)	标准衬底(非制冷小像元)	优化衬底(非制冷小像元)	非制冷小像元(智能手机型)	制冷型短波红外探测器	非制冷大像元	热电制冷型大像元
波 长	nm	300~2 500				300~1 100	700~1 700	700~1 700	1 000~2 500
像素面积	μm	<3				<3	12.5	12.5	30
功 耗	mW	211				400	325~2 500		85×10^3
下降时间	ms	<1				<1E-4	<1E-4	<1E-4	<1E-4
量子效率	%	>50				>50	>65	>65	>65
动态范围	dB	>80				<80	68	68	68
NEI	W/cm²	3×10^{-10}	$<2 \times 10^{-11}$	2×10^{-9}	$<4 \times 10^{-10}$	6×10^{-10}	2.1×10^{-10}	6×10^{-9}	6.2×10^{-9}
探测率	Jones	1×10^{13}	$>5 \times 10^{13}$	6×10^{11}	$>9 \times 10^{12}$	4×10^{13}	2.8×10^{13}	4×10^{12}	6×10^{10}

从结果可以看出基于石墨烯的宽光谱红外成像芯片的基本性能是可以与目前商用的红外成像芯片相当的,通过后期的工艺改进和优化有望超过目前的红外成像芯片。未来基于石墨烯的图像传感器可以设计成在更高分辨率、更宽波长范围内工作,甚至可以使用适合智能手机或智能手表的外形尺寸。与目前的混合成像技术相比,缩小像素尺寸和增加成像器分辨率方面没有遇到基本限制,但是石墨烯图案化和接触,是目前比较重要的限制因素,其解决方法在于成功实现石墨烯的低温生长。这样可以直接在 CMOS 接收电路芯片表面直接生长,避免石墨烯的转移引入的破损和污染而造成的性能偏差,从而实现具有数百万像素分辨率和像素、间距低至 1 μm 的、具有竞争力的单片集成红外图像传感器。

第6章

展　望

6.1　石墨烯信息器件应用前景

众所周知,信息技术主要包括信息获取、信息处理和信息传输三个部分。随着高速信息技术的不断发展,支撑信息获取、信息处理和信息传输技术的核心器件无法满足高集成度、低功耗、超高速等需求。器件性能的瓶颈本质上是材料性能出现瓶颈。新材料石墨烯具有全方位的卓越性能已经成为业界共识,华为总裁任正非关于"石墨烯时代将颠覆硅时代"的论断是实事求是的。石墨烯信息器件的功能覆盖信息获取、信息处理和信息传输,其在信息领域的具体应用如图6-1所示。在信息获取方面,石墨烯光探测器、声波探测器、压力传感器、气体传感器和离子传感器具有高灵敏特性,可辅助实现视、听、触、嗅、味人工五觉,有潜力用于实现智能机器人硬件系统,服务于新一代人工智能技术。在信息处理方面,石墨烯晶体管、自旋器件、射频器件和存储器等可辅助实现高速信息处理和存储;在信息传输方面,石墨烯光调制器、电导线、超导和天线有潜力实现高速信息传输;高速信息处理和高速信息传输可服务于5G通信等高速通信技术。

图6-1　石墨烯信息器件应用领域

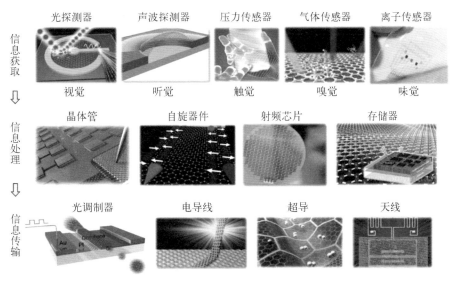

新一代人工智能技术的发展会带来智能终端的大发展,5G技术的发展会促进万物互联技术的发展。新一代人工智能技术依靠智能终端为5G技术提供准确信息,5G技术的万物互联网络为人工智能技术提供大量数据,新一代人工智能技术和5G技术会融合发展,互相促进。新一代人工智能技术和5G技术将会越来越深入地改善每个人的生活,大力发展新一代人工智能技术和5G技术已经成为国家意志。基于石墨烯的高性能信息器件将会在人工智能技术和5G技术的发展中发挥越来越重要的作用。为了更好地服务于新一代人工智能技术和5G技术,现阶段石墨烯微电子与光电子器件应该向两个方向发展,一个是高灵敏度传感器,另一个是高速光互连芯片。

6.2　高灵敏度石墨烯传感器

传感器也称智能感知器件,是智能机器人感知外界信息的核心元器件,主要包括视、听、触、嗅、味五觉传感器。理论和实验证明利用石墨烯可以分别实现这五种智能传感器,下面分别介绍这五种石墨烯智能传感器。

(1)石墨烯视觉传感器

视觉传感器的核心就是将光信号变成电信号,其推动着成像技术和智能技术的快速发展,高灵敏光电探测器为实现这一光电转换功能的核心器件。石墨烯作为一种新材料,具有超高载流子迁移率、超高光吸收系数和光电转换效率以及零带隙,可以用于研制高速高灵敏度的宽谱光电探测器,最终实现高性能视觉传感器。

(2)石墨烯听觉传感器

听觉系统的核心部件是声波传感器,能够探测声波的幅度和频率。悬浮单层石墨烯在声波的作用下会产生振动,石墨烯的电阻会发生改变,在石墨烯上加上偏压,可探测到电流的变化。

(3)石墨烯触觉传感器

触觉传感的核心是压力和温度传感,当有温度变化时,石墨烯的电导率会变化,可实现温度传感;当有压力变化时,石墨烯中产生应变,石墨烯电导率会变化,可实现压力传感。

（4）石墨烯嗅觉传感器

嗅觉传感器的本质是分子吸附会引起传感材料的电学特性变化,电极将这种变化取出,即可知道气体的浓度和种类。嗅觉传感器使用的多晶石墨烯可以有效吸附特异性分子,实现多种不同气体分子的探测。

（5）石墨烯味觉传感器

味觉传感器的本质是传感材料对环境离子浓度的变化很敏感,当有离子靠近石墨烯表面时,石墨烯的电阻会发生变化,这一变化可以用于判断离子浓度的变化。为了实现对不同种类离子的传感,可以在多晶石墨烯表面吸附特异性分子,传感时,不同离子会和不同特异分子相结合,实现离子类别的判断。

智能机器人能够像人一样感知世界,为人类服务。五觉传感器分别获取外界图像、语音、环境信息,数据传送给自身的数据中心,进行信息识别,做出下一步决策。图6-2展示了基于石墨烯五觉传感器的智能机器人方案。

图6-2 石墨烯智能机器人

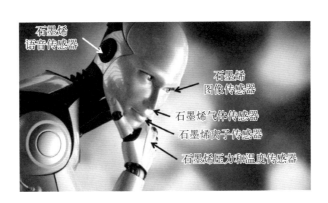

6.3 高速光互连芯片

高速光互连芯片能够大大提高数据传输能力,对实现5G通信具有重要意义。光互连芯片主要由激光器、光调制器和光探测器构成,石墨烯高速光调制器和光探测器在本书第3章和第4章中已经详细介绍过,图6-3给出石墨烯高速

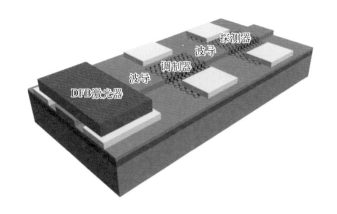

图 6-3 高速石墨
烯光互连芯片

光互连芯片的方案。其中激光器为片上光源，也可以通过光栅结构将片外光源
的光信号通过光纤引入。

　　光互连芯片中的石墨烯光调制器为光吸收型，与基于相位干涉相消型硅基光
调制器中相比，具有波长不敏感、体积小的优势。高速硅基电光调制器基于载流子
色散效应，通过反向偏压改变波导中载流子的浓度，从而引起折射率的改变，最后
通过 MZI 干涉仪实现强度调制。现在的硅基 MZI 光调制器长度达到 1 mm 以上，
给大规模集成带来困难。由于器件体积太大，需要通过分布式的模型去设计共面
波导电极和驱动电路，给高速驱动电路的设计带来困难。石墨烯光调制器的体积
比硅小两个数量级，在大规模集成和驱动电路设计方面有明显的优势。

　　光互连芯片中的石墨烯光探测器具有宽波段吸收、高载流子迁移率的优势。
传统的硅、Ⅲ-Ⅴ族等半导体材料的禁带宽度决定了其吸收波长，而石墨烯的零
带隙结构决定了它在宽波段范围内具有良好的光电响应特性，可以工作在更宽
的波段，可以覆盖常见的 850 nm、1 310 nm 以及 1 550 nm 三种光通信波段。利用
石墨烯超高的载流子迁移率可以实现超高速探测；将石墨烯和量子点结合可以
实现超高灵敏度的光电探测；通过转移技术，石墨烯探测器可以在其他介质衬底
上大规模集成。

　　总之，基于石墨烯的光互连芯片具有集成度高、体积小、速率高、宽波段的优
点。通过转移或者直接生长技术，将石墨烯光互连芯片和硅基微电子芯片融合，
可以制备性能更优的光电集成芯片，是突破后摩尔时代集成电路芯片性能瓶颈
的重要途径。

参考文献

[1] Novoselov K S，Geim A K，Morozov S V，et al. Electric field effect in atomically thin carbon films[J]. Science，2004，306(5696)：666 - 669.

[2] Lee C G，Wei X D，Kysar J W，et al. Measurement of the elastic properties and intrinsic strength of monolayer graphene[J]. Science，2008，321(5887)：385 - 388.

[3] Liu F，Ming P B，Li J. Ab initio calculation of ideal strength and phonon instability of graphene under tension[J]. Physical Review B，2007，76 (6)：064120.

[4] Balandin A A，Ghosh S，Bao W，et al. Superior thermal conductivity of single-layer graphene[J]. Nano letters，2008，8(3)：902 - 907.

[5] Nair R R，Blake P，Grigorenko A N，et al. Fine structure constant defines visual transparency of graphene [J]. Science，2008，320 (5881)：1308.

[6] Wang F，Zhang Y，Tian C，et al. Gate-variable optical transitions in graphene[J]. Science，2008，320(5873)：206 - 209.

[7] Bao Q，Zhang H，Wang Y，et al. Atomic-layer graphene as a saturable absorber for ultrafast pulsed lasers[J]. Advanced Functional Materials，2009，19(19)：3077 - 3083.

[8] Morozov S V，Novoselov K S，Katsnelson M I，et al. Giant intrinsic carrier mobilities in graphene and its bilayer[J]. Physical review letters，2008，100(1)：016602.

[9] Stoller M D，Park S，Zhu Y，et al. Graphene-based ultracapacitors[J]. Nano letters，2008，8(10)：3498 - 3502.

[10] Mayorov A S，Gorbachev R V，Morozov S V，et al. Micrometer-scale ballistic transport in encapsulated graphene at room temperature[J].

Nano letters, 2011, 11(6): 2396 - 2399.

[11] Wang L, Meric I, Huang P Y, et al. One-dimensional electrical contact to a two-dimensional material[J]. Science, 2013, 342(6158): 614 - 617.

[12] Novoselov K S, Geim A K, Morozov S V, et al. Two-dimensional gas of massless Dirac fermions in graphene[J]. Nature, 2005, 438(7065): 197.

[13] Dorgan V E, Bae M H, Pop E. Mobility and saturation velocity in graphene on SiO$_2$[J]. Applied Physics Letters, 2010, 97(8): 082112.

[14] Mak K F, Ju L, Wang F, et al. Optical spectroscopy of graphene: From the far infrared to the ultraviolet[J]. Solid State Communications, 2012, 152(15): 1341 - 1349.

[15] Cheng R, Bai J, Liao L, et al. High-frequency self-aligned graphene transistors with transferred gate stacks[J]. Proceedings of the National Academy of Sciences, 2012, 109(29): 11588 - 11592.

[16] Schuler S, Schall D, Neumaier D, et al. Controlled generation of a p-n junction in a waveguide integrated graphene photodetector[J]. Nano letters, 2016, 16(11): 7107 - 7112.

[17] Shiue R J, Gao Y, Wang Y, et al. High-responsivity graphene-boron nitride photodetector and autocorrelator in a silicon photonic integrated circuit[J]. Nano letters, 2015, 15(11): 7288 - 7293.

[18] Konstantatos G, Badioli M, Gaudreau L, et al. Hybrid graphene-quantum dot phototransistors with ultrahigh gain [J]. Nature nanotechnology, 2012, 7(6): 363 - 368.

[19] Roy K, Padmanabhan M, Goswami S, et al. Graphene-MoS$_2$ hybrid structures for multifunctional photoresponsive memory devices[J]. Nature nanotechnology, 2013, 8(11): 826.

[20] Carter J L, Krumhansl J A. Band Structure of Graphite[J]. Journal of Chemical Physics, 1953, 21(12):2238 - 2239.

[21] Avouris P. Graphene: electronic and photonic properties and devices[J]. Nano letters, 2010, 10(11): 4285 - 4294.

[22] Novoselov K S, Geim A K. The rise of graphene[J]. Nat. Mater, 2007, 6 (3): 183 - 191.

[23] Long M Q, Tang L, Wang D, et al. Theoretical predictions of size-dependent carrier mobility and polarity in graphene[J]. Journal of the American Chemical Society, 2009, 131(49): 17728 - 17729.

[24] Blake P, Hill E W, Castro Neto A H, et al. Making graphene visible[J].

石墨烯微电子与光电子器件

Applied physics letters, 2007, 91(6): 063124.

[25] Bae S, Kim H, Lee Y, et al. Roll-to-roll production of 30-inch graphene films for transparent electrodes[J]. Nature nanotechnology, 2010, 5(8): 574－578.

[26] Kampfrath T, Perfetti L, Schapper F, et al. Strongly coupled optical phonons in the ultrafast dynamics of the electronic energy and current relaxation in graphite[J]. Physical review letters, 2005, 95(18): 187403.

[27] Lim G K, Chen Z L, Clark J, et al. Giant broadband nonlinear optical absorption response in dispersed graphene single sheets[J]. Nature photonics, 2011, 5(9): 554－560.

[28] Li W, Chen B, Meng C, et al. Ultrafast all-optical graphene modulator [J]. Nano letters, 2014, 14(2): 955－959.

[29] Bao Q, Zhang H, Wang B, et al. Broadband graphene polarizer[J]. Nature photonics, 2011, 5(7): 411－415.

[30] Liu M, Yin X, Ulin-Avila E, et al. A graphene-based broadband optical modulator[J]. Nature, 2011, 474(7349): 64－67.

[31] George P A, Strait J, Dawlaty J, et al. Ultrafast optical-pump terahertz-probe spectroscopy of the carrier relaxation and recombination dynamics in epitaxial graphene[J]. Nano letters, 2008, 8(12): 4248－4251.

[32] Mueller T, Xia F, Freitag M, et al. Role of contacts in graphene transistors: A scanning photocurrent study[J]. Physical Review B, 2009, 79(24): 245430.

[33] Rao G, Freitag M, Chiu H Y, et al. Raman and photocurrent imaging of electrical stress-induced p-n junctions in graphene[J]. ACS nano, 2011, 5 (7): 5848－5854.

[34] Gabor N M, Song J C W, Ma Q, et al. Hot carrier-assisted intrinsic photoresponse in graphene[J]. Science, 2011, 334(6056): 648－652.

[35] Sun D, Aivazian G, Jones A M, et al. Ultrafast hot-carrier-dominated photocurrent in graphene[J]. Nature nanotechnology, 2012, 7(2): 114.

[36] Ryzhii V, Otsuji T, Ryzhii M, et al. Graphene terahertz uncooled bolometers[J]. Journal of Physics D: Applied Physics, 2013, 46 (6): 065102.

[37] Yan J, Kim M H, Elle J A, et al. Dual-gated bilayer graphene hot-electron bolometer[J]. Nature nanotechnology, 2012, 7(7): 472－478.

[38] Vicarelli L, Vitiello M S, Coquillat D, et al. Graphene field-effect

transistors as room-temperature terahertz detectors[J]. Nature materials, 2012, 11(10): 865 – 871.

[39] Koppens F H L, Mueller T, Avouris P, et al. Photodetectors based on graphene, other two-dimensional materials and hybrid systems [J]. Nature nanotechnology, 2014, 9(10): 780 – 793.

[40] Lemme M C, Koppens F H L, Falk A L, et al. Gate-activated photoresponse in a graphene p-n junction[J]. Nano letters, 2011, 11 (10): 4134 – 4137.

[41] Schwierz F. Graphene transistors[J]. Nature nanotechnology, 2010, 5 (7): 487.

[42] Lin Y M, Farmer D B, Jenkins K A, et al. Enhanced performance in epitaxial graphene FETs with optimized channel morphology[J]. IEEE Electron Device Letters, 2011, 32(10): 1343 – 1345.

[43] Chauhan J, Guo J. Assessment of high-frequency performance limits of graphene field-effect transistors [J]. Nano Research, 2011, 4 (6): 571 – 579.

[44] Lin Y M, Dimitrakopoulos C, Jenkins K A, et al. 100 – GHz transistors from wafer-scale epitaxial graphene[J]. Science, 2010, 327(5966): 662.

[45] Liao L, Lin Y C, Bao M, et al. High-speed graphene transistors with a self-aligned nanowire gate[J]. Nature, 2010, 467(7313): 305 – 308.

[46] Wu Y, Zou X, Sun M, et al. 200 GHz maximum oscillation frequency in CVD graphene radio frequency transistors[J]. ACS applied materials & interfaces, 2016, 8(39): 25645 – 25649.

[47] Wang H, Nezich D, Kong J, et al. Graphene frequency multipliers[J]. IEEE Electron Device Letters, 2009, 30(5): 547 – 549.

[48] Chen H Y, Appenzeller J. Graphene-based frequency tripler[J]. Nano letters, 2012, 12(4): 2067 – 2070.

[49] Cheng C, Huang B, Liu J, et al. A pure frequency tripler based on CVD graphene[J]. IEEE Electron Device Letters, 2016, 37(6): 785 – 788.

[50] Lin Y M, Valdes-Garcia A, Han S J, et al. Wafer-scale graphene integrated circuit[J]. Science, 2011, 332(6035): 1294 – 1297.

[51] Mao X, Cheng C, Huang B, et al. Optoelectronic mixer based on graphene FET [J]. IEEE Electron Device Letters, 2015, 36 (3): 253 – 255.

[52] Xia F, Mueller T, Lin Y, et al. Ultrafast graphene photodetector[J].

Nature nanotechnology, 2009, 4(12): 839.

[53] Zhang Y, Liu T, Meng B, et al. Broadband high photoresponse from pure monolayer graphene photodetector [J]. Nature communications, 2013, 4: 1811.

[54] Gan X, Shiue R J, Gao Y, et al. Chip-integrated ultrafast graphene photodetector with high responsivity[J]. Nature Photonics, 2013, 7(11): 883 - 887.

[55] Mueller T, Xia F, Avouris P. Graphene photodetectors for high-speed optical communications[J]. Nature photonics, 2010, 4(5): 297 - 301.

[56] Pospischil A, Humer M, Furchi M M, et al. CMOS-compatible graphene photodetector covering all optical communication bands [J]. Nature Photonics, 2013, 7(11): 892 - 896.

[57] Cheng C, Huang B, Mao X, et al. Frequency conversion with nonlinear graphene photodetectors[J]. Nanoscale, 2017, 9(12): 4082 - 4089.

[58] Huang L, Xu H, Zhang Z, et al. Graphene/Si CMOS hybrid Hall integrated circuits[J]. Scientific reports, 2014, 4(1): 1 - 6.

[59] Craciun M F, Russo S, Yamamoto M, et al. Tuneable electronic properties in graphene[J]. Nano Today, 2011, 6(1): 42 - 60.

[60] Kim K S, Zhao Y, Jang H, et al. Large-scale pattern growth of graphene films for stretchable transparent electrodes [J]. Nature, 2009, 457 (7230): 706 - 710.

[61] Li X, Cai W, An J, et al. Large-area synthesis of high-quality and uniform graphene films on copper foils[J]. Science, 2009, 324(5932): 1312 - 1314.

[62] Pospischil A, Furchi M M, Mueller T. Solar-energy conversion and light emission in an atomic monolayer p-n diode[J]. Nature nanotechnology, 2014, 9(4): 257 - 261.

[63] Ross J S, Klement P, Jones A M, et al. Electrically tunable excitonic light-emitting diodes based on monolayer WSc₂ p-n junctions[J]. Nature nanotechnology, 2014, 9(4): 268 - 272.

[64] Martin J, Akerman N, Ulbricht G, et al. Observation of electron-hole puddles in graphene using a scanning single-electron transistor[J]. Nature physics, 2008, 4(2): 144 - 148.

[65] Ju L, Velasco Jr J, Huang E, et al. Photoinduced doping in heterostructures of graphene and boron nitride [J]. Nature

nanotechnology, 2014, 9(5): 348 - 352.

[66] Ferrari A C, Meyer J C, Scardaci V, et al. Raman spectrum of graphene and graphene layers[J]. Physical review letters, 2006, 97(18): 187401.

[67] Urich A, Unterrainer K, Mueller T. Intrinsic response time of graphene photodetectors[J]. Nano letters, 2011, 11(7): 2804 - 2808.

[68] Montanaro A, Mzali S, Mazellier J P, et al. Thirty gigahertz optoelectronic mixing in chemical vapor deposited graphene[J]. Nano letters, 2016, 16(5): 2988 - 2993.

[69] Schall D, Neumaier D, Mohsin M, et al. 50 GBit/s photodetectors based on wafer-scale graphene for integrated silicon photonic communication systems[J]. Acs Photonics, 2014, 1(9): 781 - 784.

[70] Liu C H, Chang Y C, Norris T B, et al. Graphene photodetectors with ultra-broadband and high responsivity at room temperature[J]. Nature nanotechnology, 2014, 9(4): 273 - 278.

[71] Sherwood-Droz N, Lipson M. Scalable 3D dense integration of photonics on bulk silicon[J]. Optics express, 2011, 19(18): 17758 - 17765.

[72] Schedin F, Geim A K, Morozov S V, et al. Detection of individual gas molecules adsorbed on graphene[J]. Nature materials, 2007, 6 (9): 652 - 655.

[73] Phare C T, Lee Y H D, Cardenas J, et al. Graphene electro-optic modulator with 30 GHz bandwidth[J]. Nature Photonics, 2015, 9(8): 511 - 514.

[74] Wu T, Zhang X, Yuan Q, et al. Fast growth of inch-sized single-crystalline graphene from a controlled single nucleus on Cu-Ni alloys[J]. Nature materials, 2016, 15(1): 43 - 47.

[75] Lin Y M, Jenkins K A, Valdes-Garcia A, et al. Operation of graphene transistors at gigahertz frequencies [J]. Nano letters, 2008, 9 (1): 422 - 426.

[76] Han S J, Garcia A V, Oida S, et al. Graphene radio frequency receiver integrated circuit[J]. Nature communications, 2014, 5(1): 1 - 6.

[77] Martin C. Towards a new scale[J]. Nature Nanotechnology, 2016, 11 (2):112.

[78] Murali R, Yang Y, Brenner K, et al. Breakdown current density of graphene nanoribbons[J]. Applied Physics Letters, 2009, 94(24): 243114.

[79] Novoselov K S, Fal V I, Colombo L, et al. A roadmap for graphene[J].

nature，2012，490(7419)：192－200.

[80] Schniepp H C，Li J L，McAllister M J，et al. Functionalized single graphene sheets derived from splitting graphite oxide[J]. The Journal of Physical Chemistry B，2006，110(17)：8535－8539.

[81] Blake P，Brimicombe P D，Nair R R，et al. Graphene-based liquid crystal device[J]. Nano letters，2008，8(6)：1704－1708.

[82] Hernandez Y，Nicolosi V，Lotya M，et al. High-yield production of graphene by liquid-phase exfoliation of graphite [J]. Nature nanotechnology，2008，3(9)：563－568.

[83] Coleman J N，Lotya M，O'Neill A，et al. Two-dimensional nanosheets produced by liquid exfoliation of layered materials[J]. Science，2011，331 (6017)：568－571.

[84] Berger C，Song Z，Li T，et al. Ultrathin epitaxial graphite：2D electron gas properties and a route toward graphene-based nanoelectronics[J]. The Journal of Physical Chemistry B，2004，108(52)：19912－19916.

[85] Ohta T，Bostwick A，Seyller T，et al. Controlling the electronic structure of bilayer graphene[J]. Science，2006，313(5789)：951－954.

[86] Virojanadara C，Syväjarvi M，Yakimova R，et al. Homogeneous large-area graphene layer growth on 6 H－SiC (0001)[J]. Physical Review B，2008，78(24)：245403.

[87] Tzalenchuk A，Lara-Avila S，Kalaboukhov A，et al. Towards a quantum resistance standard based on epitaxial graphene[J]. Nature nanotechnology，2010，5(3)：186－189.

[88] Cai J，Ruffieux P，Jaafar R，et al. Atomically precise bottom-up fabrication of graphene nanoribbons[J]. Nature，2010，466(7305)：470－473.

[89] Feng Z H，Yu C，Li J，et al. An ultra clean self-aligned process for high maximum oscillation frequency graphene transistors[J]. Carbon，2014，75：249－254.

[90] Wang H，Nezich D，Kong J，et al. Graphene frequency multipliers[J]. IEEE Electron Device Letters，2009，30(5)：547－549.

[91] Wang H，Hsu A，Wu J，et al. Graphene-based ambipolar RF mixers[J]. IEEE Electron Device Letters，2010，31(9)：906－908.

[92] Moon J S，Seo H C，Antcliffe M，et al. Graphene FETs for zero-bias linear resistive FET mixers[J]. IEEE Electron Device Letters，2013，34 (3)：465－467.

[93] Yang X, Liu G, Balandin A A, et al. Triple-mode single-transistor graphene amplifier and its applications[J]. ACS nano, 2010, 4(10): 5532 - 5538.

[94] Xia F, Wang H, Xiao D, et al. Two-dimensional material nanophotonics[J]. Nature Photonics, 2014, 8(12): 899 - 907.

[95] Bolotin K I, Sikes K J, Hone J, et al. Temperature-dependent transport in suspended graphene [J]. Physical review letters, 2008, 101 (9): 096802.

[96] Dean C R, Young A F, Meric I, et al. Boron nitride substrates for high-quality graphene elcctronics[J]. Nature nanotechnology, 2010, 5(10): 722 - 726.

[97] Xue J, Sanchez-Yamagishi J, Bulmash D, et al. Scanning tunnelling microscopy and spectroscopy of ultra-flat graphene on hexagonal boron nitride[J]. Nature materials, 2011, 10(4): 282 - 285.

[98] Wang H, Taychatanapat T, Hsu A, et al. BN/graphene/BN transistors for RF applications[J]. IEEE Electron Device Letters, 2011, 32(9): 1209 - 1211.

[99] Chari T, Meric I, Dean C, et al. Properties of self-aligned short-channel graphene field-effect transistors based on boron-nitride-dielectric encapsulation and edge contacts[J]. IEEE Transactions on Electron Devices, 2015, 62(12): 4322 - 4326.

[100] Lee Y, Bae S, Jang H, et al. Wafer-scale synthesis and transfer of graphene films[J]. Nano letters, 2010, 10(2): 490 - 493.

[101] Kim B J, Jang H, Lee S K, et al. High-performance flexible graphene field effect transistors with ion gel gate dielectrics[J]. Nano letters, 2010, 10(9): 3464 - 3466.

[102] Petrone N, Meric I, Hone J, et al. Graphene field-effect transistors with gigahertz-frequency power gain on flexible substrates[J]. Nano letters, 2012, 13(1): 121 - 125.

[103] Petrone N, Chari T, Meric I, et al. Flexible graphene field-effect transistors encapsulated in hexagonal boron nitride[J]. ACS nano, 2015, 9(9): 8953 - 8959.

[104] Meric I, Han M Y, Young A F, et al. Current saturation in zero-bandgap, top-gated graphene field-effect transistors [J]. Nature nanotechnology, 2008, 3(11): 654 - 659.

[105] Sharma P, Bernard L S, Bazigos A, et al. Room-temperature negative differential resistance in graphene field effect transistors: experiments and theory[J]. ACS nano, 2015, 9(1): 620 - 625.

[106] Thiele S A, Schaefer J A, Schwierz F. Modeling of graphene metal-oxide-semiconductor field-effect transistors with gapless large-area graphene channels[J]. Journal of Applied Physics, 2010, 107 (9): 094505.

[107] Luryi S. Quantum capacitance devices[J]. Applied Physics Letters, 1988, 52(6): 501 - 503.

[108] Fischetti M V, Wang L, Yu B, et al. Simulation of electron transport in high-mobility MOSFETs: Density of states bottleneck and source starvation[C]//2007 IEEE International Electron Devices Meeting. IEEE, 2007: 109 - 112.

[109] Fang T, Konar A, Xing H, et al. Carrier statistics and quantum capacitance of graphene sheets and ribbons[J]. Applied Physics Letters, 2007, 91(9): 092109.

[110] Akturk A, Goldsman N. Electron transport and full-band electron-phonon interactions in graphene[J]. Journal of Applied Physics, 2008, 103(5): 053702.

[111] Chauhan J, Guo J. High-field transport and velocity saturation in graphene[J]. Applied Physics Letters, 2009, 95(2): 023120.

[112] Shishir R S, Ferry D K. Velocity saturation in intrinsic graphene[J]. Journal of Physics: Condensed Matter, 2009, 21(34): 344201.

[113] Ancona M G. Electron transport in graphene from a diffusion-drift perspective[J]. IEEE Transactions on Electron Devices, 2010, 57(3): 681 - 689.

[114] Yang X, Liu G, Balandin A A, et al. Triple-mode single-transistor graphene amplifier and its applications[J]. ACS nano, 2010, 4(10): 5532 - 5538.

[115] Petrone N, Meric I, Chari T, et al. Graphene field-effect transistors for radio-frequency flexible electronics[J]. IEEE Journal of the Electron Devices Society, 2014, 3(1): 44 - 48.

[116] Szafranek B N, Fiori G, Schall D, et al. Current saturation and voltage gain in bilayer graphene field effect transistors[J]. Nano letters, 2012, 12(3): 1324 - 1328.

[117] Han S J, Reddy D, Carpenter G D, et al. Current saturation in submicrometer graphene transistors with thin gate dielectric: Experiment, simulation, and theory[J]. ACS nano, 2012, 6(6): 5220 – 5226.

[118] Bai J, Liao L, Zhou H, et al. Top-gated chemical vapor deposition grown graphene transistors with current saturation[J]. Nano letters, 2011, 11(6): 2555 – 2559.

[119] Wang L, Chen X, Hu Y, et al. Nonlinear current-voltage characteristics and enhanced negative differential conductance in graphene field effect transistors[J]. Nanoscale, 2014, 6(21): 12769 – 12779.

[120] Britnell L, Gorbachev R V, Jalil R, et al. Field-effect tunneling transistor based on vertical graphene heterostructures[J]. Science, 2012, 335(6071): 947 – 950.

[121] Britnell L, Gorbachev R V, Jalil R, et al. Electron tunneling through ultrathin boron nitride crystalline barriers[J]. Nano letters, 2012, 12(3): 1707 – 1710.

[122] Britnell L, Gorbachev R V, Geim A K, et al. Resonant tunnelling and negative differential conductance in graphene transistors[J]. Nature communications, 2013, 4(1): 1 – 5.

[123] Georgiou T, Jalil R, Belle B D, et al. Vertical field-effect transistor based on graphene-WS$_2$ heterostructures for flexible and transparent electronics[J]. Nature nanotechnology, 2013, 8(2): 100 – 103.

[124] Mishchenko A, Tu J S, Cao Y, et al. Twist-controlled resonant tunnelling in graphene/boron nitride/graphene heterostructures[J]. Nature nanotechnology, 2014, 9(10): 808 – 813.

[125] Fallahazad B, Lee K, Kang S, et al. Gate-tunable resonant tunneling in double bilayer graphene heterostructures[J]. Nano letters, 2014, 15(1): 428 – 433.

[126] Kang S, Fallahazad B, Lee K, et al. Bilayer graphene-hexagonal boron nitride heterostructure negative differential resistance interlayer tunnel FET[J]. IEEE Electron Device Letters, 2015, 36(4): 405 – 407.

[127] Haigh S J, Gholinia A, Jalil R, et al. Cross-sectional imaging of individual layers and buried interfaces of graphene-based heterostructures and superlattices[J]. Nature materials, 2012, 11(9):

764 - 767.

[128] Kim K K, Hsu A, Jia X, et al. Synthesis of monolayer hexagonal boron nitride on Cu foil using chemical vapor deposition[J]. Nano letters, 2011, 12(1): 161 - 166.

[129] Gao Y, Ren W, Ma T, et al. Repeated and controlled growth of monolayer, bilayer and few-layer hexagonal boron nitride on Pt foils[J]. ACS nano, 2013, 7(6): 5199 - 5206.

[130] Wang L, Wu B, Chen J, et al. Monolayer hexagonal boron nitride films with large domain size and clean interface for enhancing the mobility of graphene-based field-effect transistors[J]. Advanced Materials, 2014, 26(10): 1559 - 1564.

[131] Kim C, Brandli A. High-frequency high-power operation of tunnel diodes[J]. IRE Transactions on Circuit Theory, 1961, 8(4): 416 - 425.

[132] Kanaya H, Maekawa T, Suzuki S, et al. Structure dependence of oscillation characteristics of resonant-tunneling-diode terahertz oscillators associated with intrinsic and extrinsic delay times [J]. Japanese Journal of Applied Physics, 2015, 54(9): 094103.

[133] Suzuki S, Shiraishi M, Shibayama H, et al. High-power operation of terahertz oscillators with resonant tunneling diodes using impedance-matched antennas and array configuration[J]. IEEE Journal of Selected Topics in Quantum Electronics, 2012, 19(1): 8500108.

[134] Dalir H, Xia Y, Wang Y, et al. Athermal broadband graphene optical modulator with 35 GHz speed[J]. Acs Photonics, 2016, 3(9): 1564 - 1568.

[135] Hu Y, Pantouvaki M, Van Campenhout J, et al. Broadband 10 Gb/s operation of graphene electro-absorption modulator on silicon [J]. Laser & Photonics Reviews, 2016, 10(2): 307 - 316.

[136] Kim Y D, Gao Y, Shiue R J, et al. Ultrafast graphene light emitters [J]. Nano letters, 2018, 18(2): 934 - 940.

[137] Midrio M, Boscolo S, Moresco M, et al. Graphene-assisted critically-coupled optical ring modulator [J]. Optics express, 2012, 20 (21): 23144 -23155.

[138] Gan S, Cheng C, Zhan Y, et al. A highly efficient thermo-optic microring modulator assisted by graphene[J]. Nanoscale, 2015, 7(47): 20249 - 20255.

[139] Yang F, Cong H, Yu K, et al. Ultrathin broadband Germanium-graphene hybrid photodetector with high performance[J]. ACS applied materials & interfaces, 2017, 9(15): 13422 - 13429.

[140] An X, Liu F, Jung Y J, et al. Tunable graphene-silicon heterojunctions for ultrasensitive photodetection [J]. Nano letters, 2013, 13 (3): 909 - 916.

[141] Liu Y, Shivananju B N, Wang Y, et al. Highly Efficient and Air-Stable Infrared Photodetector Based on 2D Layered Graphene-Black Phosphorus Heterostructure[J]. ACS applied materials & interfaces, 2017, 9(41): 36137 - 36145.

[142] Lee Y, Kwon J, Hwang E, et al. High-performance perovskite-graphene hybrid photodetector[J]. Advanced materials, 2015, 27(1): 41 - 46.

[143] Zheng K, Meng F, Jiang L, et al. Visible Photoresponse of Single-Layer Graphene Decorated with TiO_2 Nanoparticles[J]. Small, 2013, 9 (12): 2076 - 2080.

[144] Goossens S, Navickaite G, Monasterio C, et al. Broadband image sensor array based on graphene-CMOS integration[J]. Nature Photonics, 2017, 11(6): 366 - 371.

[145] Bhan R K, Saxena R S, Jalwania C R, et al. Uncooled infrared microbolometer arrays and their characterisation techniques [J]. Defence Science Journal, 2009, 59(6): 580 - 589.

[146] Scribner D A, Kruer M R, Killiany J M. Infrared focal plane array technology[J]. Proceedings of the IEEE, 1991, 79(1): 66 - 85.

[147] Rogalski A, Antoszewski J, Faraone L. Third-generation infrared photodetector arrays [J]. Journal of Applied Physics, 2009, 105 (9): 091101.

[148] Zhou T, Dong T, Su Y, et al. A CMOS readout with high-precision and low-temperature-coefficient background current skimming for infrared focal plane array[J]. IEEE Transactions on Circuits and Systems for Video Technology, 2014, 25(8): 1447 - 1455.

索 引

B

饱和吸收　7,16,28,113－115,
　117,172,174,178,181

倍频器　13,14,27,34,35,67－
　77,79,80,178,179

波导型电光调制器　88

C

场效应晶体管　3,10,27,32,67,
　171

传感器　22,41－43,71,81,211,
　226,228,235－237

超级电容　97

D

导带　4,28,121,122

等离子波辅助效应　8,123

低功耗　155,156,165,166,235

狄拉克点

狄拉克点　4－6,34－37,55,64,
　68－71,73,75,77－80,90－92,
　94,98,100,113,114,136,137,
　141,149,203

电信号　13,14,17,21,22,71,74,
　75,79,88,89,103,107,121,
　122,166,169,171,173－176,
　180－182,185,207,215,223,
　236

电子空穴对　8,9,121－123,125,
　129,130,132,134,137,139－
　146,149,152,154－156,162,
　176,177,205,206

E

二硫化钼　63,81,140－142

二维材料　3,38,39,43,61－63,
　66,67,81,140,142,155,166

二氧化钛　140,143,144,156－
　161,163－166